现代果园生产与经营丛书

QICHENGYUAN
SHENGCHAN YU JINGYING ZHIFU YIBENTONG

脐橙园

生产与经营

致富一本通

赖晓桦 ◎ 主编

中国农业出版社

内 容 提 要

　　脐橙是我国品质优、市场竞争力强的柑橘类果品。科学种植脐橙，经济效益高，成为我国江南丘陵山区重要的脱贫攻坚产业。

　　本书作者根据自己多年栽培脐橙的生产实践，并总结国内外的先进经验，系统介绍了脐橙产业概况、对环境条件的要求、主要品种及无病毒良种苗木培育、脐橙园的建立、脐橙园的生产管理、主要病虫害防治、脐橙园防灾减灾、脐橙园的经营管理等，内容系统全面，通俗易懂，图文并茂，具有实用价值高、操作性强等特点，可供脐橙生产一线技术人员、果农、果园经营者阅读参考。

主　编

赖晓桦

（江西省赣州市果业局总农艺师　研究员）

参　编

陈慈相

（江西省赣州市果树植保站　研究员）

习建龙

（江西省赣州市果业技术指导站　助理农艺师）

李　航

（江西省赣州市果业技术指导站　助理农艺师）

谢金招

（江西省赣州市果树植保站　高级农艺师）

叶　淦

（江西省赣州市果树苗木站　高级农艺师）

黄传龙

（江西省赣州市果业局市场信息科　高级农艺师）

宋志青

（江西省赣州市果业技术指导站　助理农艺师）

谢上海

（江西省赣州市果业技术指导站　农艺师）

胡　燕

（江西省赣州市果树植保站　助理农艺师）

曾庆銮

（江西省赣州市果树苗木站　高级农艺师）

目录

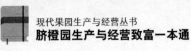

第一章
脐橙产业概况

一、脐橙产业概况

脐橙（*Citrus sinensis* Osbeck）是柑橘类果树中一个特殊的品种类群。因其果顶部附生发育不全的次生小果，随着果实的膨大，果顶开裂呈脐状（亦有果顶表面虽不开裂，但仍有附生小果存在）而得名。因具有果大美观、果皮较薄、油胞较细、色泽鲜艳、肉质脆嫩化渣、风味浓甜芳香、无核、耐贮运等特点而驰名中外，堪称世界柑橘栽培鲜食品种之冠，是国际贸易市场的著名品种，成为世界各柑橘生产国非常重视发展的柑橘品种之一。

（一）脐橙的起源

脐橙栽培距今已有 200 多年的历史，早在 1810 年巴西的巴伊亚（Bahia）城附近，当地的甜橙品种赛莱克特（Selecfa）芽变产生了有脐无核果实。最初的栽培者为一葡萄牙侨民，1810—1820 年间进行第一次繁殖，因品质优良，不久就被广泛引种栽培。1828 年引入澳大利亚的悉尼植物园，定名为巴黑脐橙，1851 年种苗公司繁殖出售种苗，巴西本土大面积栽培反而推迟到 1860—1870 年间。美国在 1835 年和 1838 年曾两次引种到炎热潮湿的佛罗里达州均告失败，1870 年再次引入华盛顿作温室栽培。1873 年美国农业部工作人员将两株嫁接苗寄给加利福尼亚州里弗西德（Riverside）的 Tibbefs 氏，用作宅旁栽培，获得成功，因品质优良而轰动一时。答询时称品种来自华盛顿，故以"华盛顿脐橙"传颂于世，以后引种遍布世界各柑橘生产国，里弗西德也就成为世界著名的脐橙产区。

如果将脐橙的出处追溯到 17 世纪，早在 1640 年已有罗马人弗雷利报道脐橙存在于地中海沿岸，有品种描述及插图说明，欧洲最早的专著《柑橘》可以证明。稍晚，葡萄牙人和西班牙人也曾有报道。而巴西出现的脐橙，则很有可能是葡萄牙侨民从他们的原籍引进。欧洲的优良甜橙品种，都是葡萄牙人从中国引入的，时间大约在 16 世纪。他们以葡萄牙甜橙为名，在地中海沿岸各国推广，形成了当今西班牙、意大利的甜橙产业。因此，有理由认为脐橙起源于中国，当时可能是中国的无核甜橙，引入地中海沿岸后发生了有脐变异。

（二）脐橙产业概况

1. 世界脐橙产业概况　世界上产柑橘的 92 个国家和地区，几乎都有脐橙栽培，但因脐橙生产要求的气候条件较严格，全世界能生产脐橙的地方十分有限。主要集中在地中海气候类型的美国加利福尼亚州、墨西哥，地中海沿岸的西班牙、意大利、摩洛哥、以色列、埃及、希腊、阿尔及利亚，南半球的南非、澳大利亚、智利、阿根廷、巴西，以及中国的赣南—湘南—桂北、长江三峡库区、金沙江干热河谷等地。

脐橙主要生产国家有中国、美国、西班牙、巴西、墨西哥、南非、澳大利亚、智利、摩洛哥、埃及、以色列等。目前全世界脐橙栽培面积 1 200 余万亩*、产量约 1 400 万吨，占柑橘栽培总面积和总产量的 9%～10%。其中栽培面积和产量最大的是中国，其次是美国、西班牙。中国脐橙栽培面积约 530 万亩，年产脐橙 460 万吨左右；美国脐橙面积约 100 万亩，年产量 200 余万吨；西班牙脐橙年产量 150 余万吨，巴西、墨西哥、澳大利亚、南非、摩洛哥、智利、埃及等国 20 万～100 万吨不等。

美国加利福尼亚州是世界著名脐橙产区，常年脐橙产量 140 万～180 万吨，占全美国产量的 70% 以上，2006 年加利福尼亚脐橙面积 70.3 万亩，2014 年脐橙面积 75.7 万亩，栽培面积、产量变化不大。

西班牙脐橙产区主要在瓦伦西亚，栽培面积 100 万亩，产量 150 万吨。

澳大利亚脐橙栽培面积 20 万亩，产量 25 万吨。

南非柑橘总产量 156 万吨，其中脐橙栽培面积 15 万亩、产量 28 万吨。

2. 中国脐橙产业概况 我国引种栽培脐橙已有近百年的历史。早在 1919 年、1921 年和 1931 年，先后从日本引入浙江平阳、黄岩（胡昌炽，1928）和石浦；1933 年和 1935 年又从日本引入重庆和湖南邵阳；此外，从美国引入广州（1928年）、成都（1938 年）；从摩洛哥引入重庆、桂林、广州、黄岩、长沙等地（1965 年），结果都不甚理想，重演了世界脐橙引种的教训。20 世纪 70 年代末以前，限于品种等诸多因素，脐橙栽培不多。究其原因，是脐橙品种（系）的风土适应性较弱，对环境和栽培条件的要求较高，若品种（系）选择不当或管理粗放，往往花量大，坐果少，产量低，经济效益差，一时被栽培者视为畏途。80 年代以后，随着农村政策的落实和从

---

* 亩为非法定计量单位，1 亩≈667 米^2。——编者注

国外引入及自己选育的脐橙新品系的推出，栽培技术方面也取得了突破性进展，加上扶持政策的激励，脐橙生产发展相当迅速。

(1) 赣南—湘南—桂北脐橙带。赣南—湘南—桂北脐橙带（包括闽西），是我国最主要的脐橙产区，以面积大、产量高和品质优良著称。赣南—湘南—桂北脐橙面积约300万亩，产量约250万吨，品种90％以上为纽荷尔脐橙。

赣南：赣南是赣南—湘南—桂北脐橙带的核心区，2001年赣南脐橙面积仅38万亩、产量10万吨；到2013年，赣南脐橙面积达到187万亩、产量150万吨。但受到黄龙病暴发的影响，2016年面积降到155万亩，年产量降至108万吨。

湘南：主要分布在湖南省宜章、新宁、道县、邵阳、临武、宁远、武冈和江永等市县，面积约80万亩，产量60余万吨。

桂北：桂北脐橙主要分布在广西富川和桂林，面积约35万亩，产量30万吨左右。

闽西：闽西脐橙主要分布在福建省三明市和龙岩市，面积约15万亩，产量15万吨左右。

(2) 长江三峡脐橙带。长江三峡脐橙带是我国第二大脐橙产区，种植面积约110万亩，产量约85万吨，是目前我国最大的晚熟脐橙产区，主要品种有奉节72-1、罗伯逊、伦晚、纽荷尔、福本、奉晚（凤晚）、卡拉卡拉（红肉）、鲍威尔、切斯勒特、班菲尔等。

湖北三峡库区：主要产区为秭归、兴山、巴东，其中秭归面积和产量最大，分别为26万亩和34万吨。兴山和巴东脐橙面积各约5万亩，两县合计产量约8万吨。

重庆三峡库区：主要产区为奉节和云阳，此外，长寿、开县、巫山、涪陵等地有部分栽培。奉节以奉节72-1脐橙占多数，云阳以纽荷尔脐橙和晚熟脐橙占多数。2015年奉节脐橙

30 万亩、产量 26 万吨；云阳 18 万亩、6 万吨。其余各区县面积约 15 万亩，产量 10 万吨。

（3）四川脐橙区。1990 年以前，四川是我国产量最大的脐橙产区，主要分布在四川盆地（成都平原）和川东的邻水、南充，以及川西南的金沙江干热河谷、川南赤水河谷等地。栽培面积约 100 万亩，产量 90 万吨左右。

四川盆地脐橙产区：主产区有眉山市东坡区、丹棱县、彭山县、蒲江县、金堂县、仁寿县、新津县，以及四川盆地南缘的长宁等地，总面积约 50 万亩，产量 60 万吨。其中，眉山市面积 19.5 万亩，产量 23.4 万吨；蒲江县面积约 8 万亩，产量约 12 万吨；金堂县面积 11 万亩，产量 13 万吨；长宁县面积约 5 万亩，产量 5 万吨；新津、简阳、资阳、龙泉等地面积约 5 万亩，产量 5 万余吨。

川东脐橙产区：主要分布在邻水、武胜、西充和渠县，此外，南部、蓬安、阆中、岳池等地有少量栽培。栽培面积约 37 万亩，产量约 20 万吨。其中，邻水县为该区域最大脐橙产区，现有面积 26.9 万亩，产量 11.5 万吨；武胜、西充、渠县、南部、蓬安、阆中、岳池等脐橙总面积约 10 万亩，产量 8 万吨左右。

四川干热河谷脐橙产区：由川西南的金沙江干热河谷和川南赤水河谷脐橙产区组成。主要分布在金沙江干热河谷的盐边县红格，以及金沙江干热河谷向四川盆地过渡气候带的西昌市雷波县。盐边县高峰时有脐橙 2 万亩，产量 1.5 万吨，但近年来黄龙病泛滥，面积已降至千亩以下，产量不足千吨。雷波现有脐橙面积近 5 万亩，产量 0.8 万吨，主要为近年新植幼树。

赤水河干热河谷产区：主要分布在古蔺县和叙永县赤水河沿岸，现有脐橙面积约 5 万亩，主要为近年种植的幼树，产量 2 万吨左右。

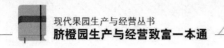

（4）其他脐橙产区。

云南：云南脐橙主要分布在宾川、建水、禄劝等干热河谷区域。现有脐橙 10 多万亩，产量 10 多万吨。其中建水 7 万余亩、产量 3 万余吨，宾川 2 万余亩、产量 6 万吨。

贵州：主要分布在罗甸、晴隆、榕江等地，面积约 12 万亩，产量约 6 万吨。其中罗甸 7.5 万亩、3.6 万吨，晴隆 1 万亩、0.5 万吨，榕江 4.2 万亩、1 万吨。

广东：主要分布在平远县，龙川、河源、南雄、始兴等地有少量栽培。高峰时有 11 万亩，产量 7 万吨，但目前受黄龙病影响，面积和产量大幅度下降。

二、脐橙对环境条件的要求

（一）脐橙对气候条件的要求

脐橙是原产巴西巴伊亚的热带、亚热带果树。受原产地环境条件的影响，冬季温暖没有严寒，夏季凉爽不出现酷暑，降雨丰富均衡，空气湿润，相对湿度不高不低，是脐橙种植最适宜的气候条件。

1. 世界脐橙名产区气候特点

（1）世界脐橙名产区的气候特点。综观世界脐橙名产区的气候特点，可以发现一些规律性的东西。

美国以加利福尼亚为主，年平均温度 15～18℃，≥10℃年积温 6 153℃，≥12.5℃年积温 1 740℃，年降水量 290.8 毫米，集中在冬季降落，空气相对湿度 51.3%～52.7%。夏季炎热，绝对最高温纪录 44.4～49℃；冬季极端低温 -9.4～-6.1℃。是典型的高温干燥栽培区，但并不是最适于脐橙生长发育的栽培区。脐橙在此地生长受到抑制，果皮增厚，果汁减少，酸低糖高，落花落果风险大。一年中常需要人工灌溉，冬季常以火炉防寒，生产成本较高。但果实的外观品质较好。

巴西脐橙虽然最初出现在热带的巴伊亚城，但商品栽培却位于南纬20°～30°的圣保罗地区，气候特点亦介乎热带亚热带之间，≥12.5℃年积温1 824℃，年降水量739毫米，但相对湿度很高，为80.75%。全年温差太小，脐橙生长期较长，营养生长良好，果实特别大，但品质降低。幸而冬季有短暂的接近0℃的低温，又有冬旱，才使得果实的着色和成熟良好，也不影响翌年产量。果实特大的问题，也已选育出小果品系，得到逐步解决。

西班牙的脐橙产区主要在北纬39°的海边瓦伦西亚。由于地中海的调节，虽纬度较高，但气候仍具亚热带特点，很大程度与美国加利福尼亚产区相似。空气相对湿度63%，年降水量310毫米，也多在冬季降落，基本靠人工灌溉栽培，冬季也常有冻害。引种华盛顿脐橙顺利成功，经栽培试验又选育出了更加适宜的新品系如奈维林娜等，获得进一步成功，成为世界第二大脐橙外销国。

南非栽培脐橙最成功首推开普敦的伊丽莎白港一带，南纬33°左右，有海洋调节，呈亚热带气候特点。≥10℃年积温6 123℃，降水量虽不多（628毫米），但空气相对湿度很高（77.5%），可以说全年都是潮湿气候，这对华盛顿脐橙是不适宜的。其次是四季温差小，夏季没有中等炎热，影响果实品质；冬季没有足够寒冷，影响翌年产量。

摩洛哥则选择近似美国加利福尼亚气候特点的地区种植脐橙，步步成功，成为商品脐橙主要外销国之一。

澳大利亚的脐橙栽培分布从南至北，跨热带、亚热带地区，但品质最好的产区，则是南澳大利亚的农业灌溉区。气候特点几乎与美国加利福尼亚的内陆河谷一样。

（2）中国脐橙主产区的气候特点。赣南—湘南—桂北脐橙带（包括闽西）年平均气温18～20℃，≥10℃年有效积温

5 800～6 500℃；年降水量1 500～2 000毫米，年平均相对湿度75％～80％；年日照时数1 600～1 900小时，脐橙果实成熟期间的秋冬季节昼夜温差常在10℃以上，极端最低气温一般在－7℃以上，属于我国脐橙种植最佳气候区。2003年农业部发布的《柑橘优势区域发展规划（2003—2007年）》和2008年修订发布的《柑橘优势区域布局规划（2008—2015年）》，均把该区域作为我国发展脐橙的优势区域。但这一区域的不利条件是土地条件较差，主要是红壤丘陵地带，山不高但坡陡，土层深但贫瘠，"瘦、酸、板、黏"，果园建园改土成本高，水土流失严重。得益于赣南—湘南—桂北地区适合脐橙生产的优越气候条件，脐橙外观、内质在国内外首屈一指，产品价格较高、销售好，加之这一区域大多为国家级贫困县，其他农业产业的发展滞后，脐橙生产受到当地政府大力支持，百姓种植脐橙积极性高，近一二十年来，脐橙产业得到迅速发展。

长江三峡脐橙带为山地气候，主要分布在海拔180～400米区域范围内，年平均气温17～19.5℃，≥10℃年有效积温5 700～6 300℃，1月平均温度为6～7℃，极端最低温度－3℃以上，年降水量1 000～1 200毫米，年空气相对湿度65％～70％，年日照时数1 630～1 881小时。属于脐橙的适宜气候区，2003年农业部发布的《柑橘优势区域发展规划（2003—2007年）》和2008年修订发布的《柑橘优势区域布局规划（2008—2015年）》，均把该区域作为我国发展甜橙（主要为脐橙）的优势区域。但这一区域的不利条件是山高坡陡、交通不便、土层浅、土壤偏碱，果园蓄水提水困难，建园成本高，果园水土流失严重。与赣南—湘南—桂北脐橙带相比，这一区域最大的优势是空气相对湿度较低和极端最低气温较高，年空气相对湿度为65％～70％，特别是3～4月脐橙花期的空气相对湿度只有60％左右，很适合脐橙开花坐果，在我国主要脐橙产区中绝无仅有。早熟、中熟和晚熟品种均有，是目前我国最大的晚熟脐橙产区。

四川盆地脐橙产区是我国最老的脐橙产区，该区域年平均气温 17℃左右，年平均降水量约 1 000 毫米，年均日照时数 826～1 203 小时，年平均相对湿度 79％～84％。脐橙果实成熟期的秋冬季节多阴雨天气、湿度大、光照少，昼夜温差小，导致脐橙果实外观和内质不佳，价格不高。进入新世纪后，四川盆地脐橙逐渐被清见、春见、不知火橘橙等杂柑取代，脐橙面积逐年减少。

川东脐橙产区年平均温度为 17～18℃，年平均降水量 1 000～1 200 毫米，年平均相对湿度 82％，年日照时数 1 230～1 350 小时。湿度大，云雾多，日照少，秋冬季多绵雨天气。该区域生态环境较适宜发展柑橘，是四川省扶持柑橘发展的重点区域，脐橙外观和内质优于四川盆地脐橙产区，但栽培管理水平较低，单产不高。

四川干热河谷脐橙产区，由川西南的金沙江干热河谷和川南赤水河谷脐橙产区组成。金沙江干热河谷光热条件优越，≥10℃年有效积温 6 000～8 000℃，年日照时数达 2 300～2 800 小时，昼夜温差 10～20℃；年降水量 600～800 毫米，年平均相对湿度 50％～60％。光热条件和相对湿度在我国脐橙产区中名列前茅，是脐橙黄金气候区，该区域脐橙以早熟、优质、高价而著称。赤水河干热河谷光热条件优良，海拔 600 米以下年平均气温 18.6℃，≥10℃年积温 6 200℃，最冷月（1 月）平均温度 8℃，无霜期 365 天，年平均日照时数 1 526 小时，年平均降水量 763 毫米，年平均相对湿度为 74％，属于脐橙最适宜生态区，果实高产、品质优良、价格高、效益好。

云南脐橙主要分布在宾川、建水、禄劝等干热河谷区域。宾川年平均气温 17.3～18.7℃，年平均降水量为 406.6～719.6 毫米，年日照时数 2 627.5～2 847.5 小时，是云南日照时数最多的地区之一（仅次于楚雄州永仁的年平均日照时数

2 833小时），年平均相对湿度 60％～67％。气候条件最适合脐橙生产，属于脐橙黄金气候区，产量高、品质好，但均为黄龙病流行区。

2. 中国脐橙生态适宜区 积多年的试验研究成果和生产实践总结，我国对适宜脐橙经济栽培的气候条件，大致界定为：年平均温度 18～19℃，≥10℃年积温在 6 000～6 500℃，1 月均温 7℃左右，极端最低温−3℃左右，年降水量 1 000 毫米左右，相对湿度 65％～70％，年日照时数 1 600 小时左右。果实成熟期的 9～11 月昼夜温差大，有利于脐橙果实品质的提高。脐橙不同的品系对气候条件的要求有较大的差异，所以在发展种植时，一定要从实际出发，坚持适地适栽的原则。

全国柑橘生产区划分为 6 个一级区和 5 个亚区。此区划中除第Ⅵ区（亚热带边缘柑橘混合区）外，其他各区均有脐橙栽培。

第Ⅰ区的Ⅰ₁亚区沿海丘陵平原柳橙、新会橙、椪柑、蕉柑主产区，居东南沿海，纬度低，海洋性气候明显。冬无严寒，夏无酷暑，热量和雨水丰富，日照充足。年均温 21～23℃，≥10℃年积温 7 000～8 000℃，都超过脐橙适宜气候条件的上限；相对湿度 78％～80％，虽然高湿类型的脐橙品系能在此生长结果，但果实品质较差，大小年也严重。Ⅰ₂中北部丘陵甜橙良种主产亚区，即粤桂闽北部。纬度比Ⅰ₁亚区偏高，离海较远，为中、南亚热带过渡地带。气温稍有所下降，冬季也出现霜雪，但不太冷；夏季炎热，但无酷暑。年均温 19～20℃，≥10℃年积温 6 300～7 000℃，1 月均温 10℃左右，年日照 1 400～1 800 小时，降水量 1 500～1 800 毫米，相对湿度 78％～80％。脐橙在这个亚区比在Ⅰ₁亚区适应性更好。其中桂林地区南部各县如阳朔、平乐、富川，福建的南靖等地都有一定面积的规模栽培。

第Ⅱ区南岭和闽浙沿海低山丘陵甜橙、宽皮柑橘主产区。

包括广西桂林、广东韶关、江西寻乌以及福建龙岩和古田以北,湖南道县、广东乐昌、江西广昌、浙江温州以南的地区。属中亚热带,大部分地区热量较好,年均温度 18～19.5℃,≥10℃年积温 5 500～6 500℃,1 月均温 8～9.5℃,极端低温－4～－5℃,极端平均气温－1～－3℃;降水量 1 400～1 600毫米,相对湿度 75%～80%,日照时数 1 400～1 600 小时。土壤属酸性或微酸性红黄壤。脐橙在这个区域内正常生长发育,开花结果,产量、品质均佳;果色较深,糖酸均高,属适宜区。国家柑橘优势区划的赣南—湘南—桂北优质脐橙带在这个区域,福建三明、建瓯、建阳,浙江温州、平阳等也有一定面积的生产基地。但由于山岭不高有缺口,山脉走向多为东北—西南,冬季冷空气可以进入,个别地区的个别年份会出现一、二级周期性冻害。

第Ⅲ区江南丘陵宽皮柑橘主产区,属中亚热带季风湿润气候类型,包括湖北、湖南、江西、浙江的广大地区。年均温15～18.5℃,≥10℃年积温 5 000～6 400℃,1 月均温 4～8℃,极端平均低温－2～－9℃。酸性或微酸性红壤。由于地形地貌影响,冬季冷空气可长驱直入,宽皮柑橘十年左右有一次一、二级冻害,属宽皮柑橘生态适宜区,甜橙次适宜区。栽培脐橙 4～5 年出现一次周期性冻害,二、三年才恢复。常年生长发育正常,结果也好。唯风味稍逊色,糖低酸高。

第Ⅳ区四川盆地甜橙、宽皮柑橘主产区,包括四川盆地、重庆和湖北的西陵峡区,重庆奉节、湖北秭归脐橙基地位于该区。属中亚热带山区盆地亚热带季风湿润气候类型。冬不太冷,夏季炎热,积温不高,雨水较江南丘陵少而湿度大,日照少,云雾重。年均温 14～19℃,≥10℃年积温 4 500～6 000℃,1 月均温 4～8℃,极端平均低温 0～5℃;日照1 100～1 300 小时,降水量 1 400～1 800 毫米,相对湿度78%～82%。土壤属白垩纪紫色土。栽培脐橙基本无冻害。主要分布在湿度较低的重庆奉节到湖北秭归的长江沿岸，岷江、沱江、嘉陵江中上游河谷地带也有栽培。脐橙果实酸度增高，含糖量并不降低，维生素 C 含量高，色泽好，果皮稍增厚。

此外，第Ⅴ区云贵高原中低山和干热河谷柑橘混合区，在海拔较低的河谷低山近年也有小片集中脐橙栽培。另据报道，柑橘北缘地区的上海宝山区长兴、横沙两岛，引种脐橙获得成功。海南省琼中县也出现了连片种植的脐橙园，说明区划中的第Ⅵ区亚热带边缘柑橘混合区也有了脐橙栽培。

(二) 各气象因素对脐橙的影响

1. 温度　影响脐橙分布和种植的主要因素是温度，最重要的气象指标是：年平均温度、≥10℃的年活动积温和冬季的极端最低温度。

脐橙在气温达到 12.5℃时开始生长，适宜生长的温度范围为 13～36℃，最适宜的生长温度为 23～33℃。脐橙生长结果要求年平均温度在 15℃以上，最适的年平均温度为 18～19℃。但脐橙本身生长的适宜温度常与生产上要求的适宜温度不相一致。生产上要求生长和开花结果初期，温度在 13～23℃；果实发育期温度 28～38℃；果实成熟期温度下降到 13℃，较低的气温对果实着色有利，白天温度高，夜间温度低，即昼夜温差大，有利于果实品质的提高；休眠期间，温度接近 0℃；而花芽分化时，要求 12.8℃以下的温度，此时树体停止生长，进入相对休眠期。在南亚热带和热带种植脐橙，因无此低温条件，则需要采取干旱、环割等措施促进花芽分化。

脐橙对积温的要求也有上下限的指标范围。商品化栽培的成败，与当地≥10℃年活动积温关系密切。一般要求≥10℃年活动积温 4 500℃以上，最适范围为 6 000～6 500℃。过高则生长繁茂，果实过早成熟，汁囊不久粒化，品质不良；过低则果实难以成熟，果实酸度大，树体生长衰弱，同样导致栽培失败。

脐橙是甜橙类中较早熟的品种，如果早采则早休眠，所以是甜橙类中比较耐低温的品种，常能忍受短时间的－2.2～0℃的低温。根据美国加利福尼亚调查记载：延续 1.5 小时的－9℃低温，再延续 13 小时－5℃的低温，对 1 月休眠较深的脐橙只冻落 10％的叶片，未冻死树干。尽管如此，在极端低温－5.5℃以下，且出现频率较高的地区，仍不宜作经济栽培。

温度影响脐橙产量的显著表现是在第二次生理落果期，这时如出现异常高温，特别是高温加以低湿，则成为直接导致减产的重要因素。

脐橙果皮着色亦与气温关系密切。果实临近成熟时，气温降低，果皮内叶绿素逐渐分解，类胡萝卜素合成增多，而20℃的气温是果实产生乙烯的最适温度，乙烯对叶绿素的破坏作用也在此温度条件下最为强烈，因而着色良好；若温度上升，着色将延迟。

温度与果实内质的关系也十分密切。据研究报道，若脐橙在开花期温度较高，可以助长成熟，从而提高糖酸比；另一个时期是 8 月的果实迅速膨大期，此时果实形成酸，倘若温度较高，可以阻碍酸的合成，因而总的含酸量减少。温度对果实糖酸含量的影响，可以概括为在一定范围内，糖分含量随温度升高而递增，含酸量则随温度下降而递增。据报道，在平均温度16～18℃的热量梯度范围内随着热量的下降，日照偏少的地区，脐橙果实的成熟期推迟，果实含酸量上升，在产销季节品质竞争力稍差。但这种果实耐贮性增强，对延长供应期有一定意义。

2. 水分和湿度

（1）水分。水分是脐橙生长发育中又一个重要因素，仅次于温度。水分不仅是脐橙树体重要的组成部分，还是溶剂和载体，在整个生命活动中，起着相当重要的作用。在中亚热带如

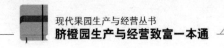

每年有 1 000 毫米以上的降水量，又分布均匀，基本上能满足要求。

脐橙的各个物候期对水分的要求不同。萌芽、抽梢、果实发育期，对水分要求较高，若供水不足，反应敏感。萌芽期缺水，会延迟萌芽或萌芽参差不齐，进而影响新梢生长；花期缺水干旱，会缩短花期，影响坐果率；幼果期缺水，会加剧落果；果实发育期缺水，导致果实变小，品质变差。严重缺水会危及树体，当蒸腾量大于根系的吸水量时，会使枝、叶萎蔫，甚至使脐橙树死亡。水分过多，土壤通气条件恶化，影响根系生长发育，严重时根系大量死亡，进而影响树体生长，甚至死亡。若花期水分过多，会延迟开花；6 月水分过多，会加剧生理落果；果实膨大期久旱骤雨或充分灌溉，会引起大量裂果，严重影响产量。秋冬雨水过多，则影响花芽分化。可见，脐橙各个重要物候期如水分失调，都会给脐橙的生长发育、开花结果带来不良影响，这个影响往往不限于当年，还波及以后数年。

如赣南脐橙 2015/2016 产季，2015 年 10 月 1 日至 12 月 31 日降水量为 427.6 毫米，比历年同期平均 160.6 毫米多 166.25%；2016 年 1 月 1 日至 2 月 29 日降水量为 318.5 毫米，比历年同期平均 160.9 毫米多 97.95%。整个花芽分化期降水多，土壤水分长时间处于饱和状态，加上寡日照，严重影响了脐橙果树的花芽分化，导致 2016 年赣南脐橙绝大多数果园无花、异常少花，普遍减产 50%～60%。

我国脐橙产区的降水量都比较充沛，1 000～1 800 毫米不等，但分配不均，有伏旱、秋旱问题。特别是 7～8 月果实膨大期，气温高，土壤水分不足，叶片蒸发量大，与果实争夺水分，果实变小，严重影响产量和商品果率。这种现象在瘦瘠的山地脐橙园时有发生。若秋旱延迟到 9 月以后降雨，引发树体大量抽生晚秋梢，从而造成诸多不利影响。一是晚秋梢不能正常老熟，低温来临之前必须处理；二是即使能安全越冬，但因生育期短，养分积累不足，给来年带来较多的退化花枝，落花落果严重，徒然消耗养分；三是晚秋梢抽生数量多，给柑橘木虱提供了较为丰富的食料，不利于柑橘木虱的防治。世界各脐橙著名产区，虽降水量稀少，但都具有比较完善的灌溉设施，水分管理已不成问题。

（2）相对湿度。空气相对湿度的高低，对脐橙商品化栽培有突出影响，这是其他甜橙品种少有的现象，甚至成为某些脐橙品系栽培的限制因素。如华盛顿脐橙对空气相对湿度的敏感性特别强，不适宜高温高湿的气候条件。在美国，该品种适宜在相对湿度 50％的加利福尼亚州种植，不适宜相对湿度 80％的佛罗里达州种植。在澳大利亚，适宜在干旱低湿的南澳大利亚州种植，不适宜在多雨高湿的新南威尔士州种植。在意大利柑橘主产区西西里岛上少见华盛顿脐橙，而在西班牙低温中湿的瓦伦西亚，华盛顿脐橙却成片栽种。在中国，华盛顿脐橙在空气湿度高的四川东部不如在西部的丰产；在相对湿度为 69％的重庆奉节栽培，20 年生树单株产量可达 50～75 千克，但在相对湿度 85％以上的重庆北碚，如不采取人为的保果措施，则出现"花开满树喜盈盈，落果遍地一场空"的惨景。在相对湿度 78％的江西信丰，1971 年引种华盛顿脐橙，在当时的生产管理条件下，表现开花多、坐果少，进入盛果期后平均亩产不过 100 千克。罗伯逊脐橙耐湿、耐热性比华盛顿脐橙强，适宜种植的区域就比华盛顿脐橙要广。近 30 年来，我国从美国、西班牙和日本引进纽荷尔、朋娜、林娜和日系清家、大三岛、吉田等脐橙新品系，在四川、重庆、湖南、湖北、江西、广西、福建、浙江、云南、贵州等地栽培，表现早结、丰产、优质，适应性远比华盛顿脐橙要强。

空气相对湿度如过低，也不利于脐橙生长结果。有资料表明，空气相对湿度 10％～38％比 51％的脐橙产区落花落果严重。因为湿度低时，蒸腾作用增大，树体内部水分运输处于胁迫状态，刺激幼果产生离层而导致大量脱落。低湿常伴随高温同时出现，即使是适宜品种在适宜的种植区，也会因高温低湿的不良气候而引起大量落果。如 2007 年 5 月上、中旬，赣南脐橙产区出现比较严重的第二次生理落果，落果率比往年同期落果率多近 20 个百分点，很多脐橙园减产 30% 以上。原因主要是空气相对湿度过低，连续一周日平均都在 60% 以下，日最小小于 30%。

商品化脐橙栽培果品质量的优劣，与产地相对湿度的高低关系密切。在美国加利福尼亚州，湿度较高的海岸产区生产的脐橙，果皮较薄，果汁较多，酸分较高，果形较圆，脐也较圆，且多闭合下冗。但果实着色较差，香味和甜味较差，果皮多病虫污染，油胞多受损伤，不耐贮运。相反，湿度较低的内陆河谷生产的脐橙，只表现果皮较厚粗皱，果汁较少，果形较长，脐大多突出等很不重要的缺点。但优点很多，果皮鲜美，很少伤痕，耐贮耐运，香味和甜味充分发挥，超过大多数甜橙品种。因为酸少，很早就达到 8：1 的糖酸比标准，较早进入国际外销市场。因此，国际市场上最优质的脐橙，都是从湿度较低的地区产出，如美国的里弗西德、西班牙的巴伦西亚。

综合国内外脐橙栽培区的情况，以空气相对湿度 65%～72% 最有利于脐橙优质丰产。

3. 日照　日照是果树进行光合作用、制造有机物质不可缺少的光热资源。1969 年德国人 F. Lenz 在人工气候室内用进入结果阶段的脐橙扦插植株作试材，进行高、低温和长、短日照的各种处理，结果表明：光照增加，叶面积增大，在低温时尤为显著。增加光照和温度，干物质含量增加。花芽在昼/夜温度为 24/19℃ 的低温和 8 小时短日照中形成，开花正常；在低温和 12 小时光照处理中，虽然也能成花，但开花延迟，花期缩短；在低温和 16 小时长日照处理以及高温和长、短日照处理，都不能及时形成花芽，从而确定脐橙为低温短日照品种。

脐橙耐阴较强，对光照的要求仅为苹果的 $1/3\sim1/2$。在北热带、南亚热带，高温强辐射，如无充足的水分配合，对脐橙反而不利，日照过强成了栽培上的限制因子。脐橙果树进行正常光合作用的光饱和点为 3 万～4 万勒克斯。叶片展开后光合效能随叶龄增加而增加，以 12 个月左右叶龄的叶片光合效率最高。

日照充足或不足，均会给脐橙果树带来不同影响。日照充足，叶片小而厚，含氮量、含磷量也较高；反之，枝叶徒长，叶片细小而薄。日照充足，树体营养好，有利于花芽分化，减少病虫害，果实着色好，产量高，品质优良；反之，树体营养差，不利于花芽分化，易滋生病虫害，果实着色差，产量低，品质欠佳。但光照过强，易使果实受日灼伤害，甚至树枝、树干裂皮。日灼与干旱相伴随，严重时，会导致树体死亡。

综合各地脐橙栽培的经验，脐橙的叶面积指数（叶面积与单位土地面积之比，或单株叶面积与营养面积之比）通常为 $4.5\sim5$，山坡地的脐橙园可稍高，达到 $5.5\sim6$。叶面积指数低于 3 的不易丰产、优质。脐橙不但要求有一定数量的叶片，而且也要求叶片均匀分布，使树冠通风透光。当叶片因遮阴只能接受全光照的 30％时，叶片的合成作用低于消耗而变成寄生叶。

4. 风　风对脐橙果树的影响既有有利的一面，也有不利的一面。微风、小风可改善脐橙园和树体的通风状况，增强蒸腾作用，促进根系对水分的吸收和输导，增强光合效能。还可以预防冬春的霜冻和夏季的高温伤害，以及减少病虫害的发生。

大风、暴风能危害脐橙果树。轻者吹落花果，折枝碎叶，且因风的影响，增加了果实与枝、叶、刺的碰撞机会，造成果面伤害，影响脐橙果品的外观质量。重者折断（裂）树桠，甚至连根将整棵树拔起。大风可明显加速土壤水分的蒸发，尤其是干旱伴随热风，会很快使叶片萎蔫，加剧落花落果。夏季干旱、大风常使锈壁虱、红蜘蛛大量发生。冬季大风常伴随着低温寒冷，低于−3℃的低温可会造成脐橙出现冻害。

5. 与热、水、光相关的因素 与热、水、光相关的因素有海拔高度、坡度和小地形等。这些因素虽不是脐橙生存的必要条件，但也能明显影响脐橙的生长发育。

（1）海拔高度。海拔高度直接影响气温和降雨。海拔每上升 100 米，气温下降 0.6～0.7℃，降水量增加 30～40 毫米。海拔越高，气温越低，脐橙的物候期推迟，冬季进入相对休眠提早，果实品质也逐渐变差。在山地，脐橙园一般垂直分布在海拔 500～600 米以下的丘陵河谷地带，生长结果良好。

（2）地形。平地建园，投资小，管理方便，也便于机械化，但脐橙果实品质不如坡地好。浅丘坡度较小，缓坡多，气温与平地相似。不同坡向和坡高的温度、光照、土壤水分、土层厚度和肥力等方面，变化差异较小。就地形而言，深丘介于浅丘和山地之间，由于地形起伏，不同坡度的温度、光照、土壤水分、土层厚度等差异，较近似于山地。山地空气流通，排水良好，除北坡外光照充足，脐橙生长发育良好，果皮着色鲜艳，品质好，耐贮运，种植脐橙唯建园投资较大。河滩地土壤含沙量高，有机质含量少，土壤结构差，保水保肥能力弱。种植脐橙时应考查气象资料，特别要注意温差、风向、风力、洪水等因素，避开"冷湖"和"风口"，以免造成冻害。同时，也要避开洪水经常淹没区。

此外，还有水库、湖泊周围及河流两旁空隙地，因大水体对气温、湿度的调节作用，形成良好的小气候，也是种植脐橙的好地方。但从生态保护和水源地保护出发，不宜在这些区域开发规模基地。

（3）坡度。丘陵、山地坡度大小，大致可分为 4 个等级，即缓坡（10°以下）、斜坡（10°～20°）、陡坡（20°～45°）、峻坡（45°以上）。坡度不同，气候、土壤和水分状况常有较大差距。所以，坡度是山地和丘陵地区种植脐橙必须考虑的因素。脐橙种植一般考虑以 20°以下的缓坡、斜坡地最好，25°左右的倾斜坡地亦可。坡度越大，土地利用率越低，建园投资越大，开发建园易造成严重的水土流失，栽培管理也相对困难。此外，坡度越大，土层越薄，肥力及水分条件越差。

（4）坡向。脐橙虽属耐阴性的植物，但种植时仍有必要考虑坡向。利用最多的是南坡、东南坡和西南坡，其次是东坡和西坡。夏季炎热、冬季无冻害地区的山地、丘陵地，也可选择北坡和西北坡。主要依据是温度、光照条件。坡向结合地形，考虑冷空气最好是"难进易出"，应选择坐北朝南、西北东三面环山、南面开口、冷空气能自行排出的地形。

（三）脐橙对土壤条件的要求

土壤是脐橙栽培的基础，是影响脐橙生命活动的重要生态因素之一。肥沃、深厚、疏松的土壤，是脐橙优质、丰产、稳产的关键。世界上多种土壤类型都成功地栽培了脐橙，但并不等于脐橙对土壤的要求不严。只是因为影响脐橙种植的环境因子中，唯有土壤因子是可以人为改变的。土壤条件好，建园改土成本低；土壤条件差，建园改土成本高。

脐橙栽培要求土壤环境大致界定为：土层厚度 1 米以上，不低于 0.8 米；土壤质地以沙壤、重壤最好，轻黏壤较差，重黏壤最差；土壤 pH 以 5.5～6.5 最好，低于 4.8 或高于 8.5 都不利；土壤有机质含量 3%以上，在树体吸收根系范围内至少要有 2%～3%，最低不少于 1.2%；有效养分含量高，速效氮 0.01%～0.02%，有效磷 0.015%～0.08%，有效钾 0.01%～0.02%；土壤空气中的含氧在 8%以上。

土壤影响脐橙生长发育的因素有土壤种类、土壤温度、土壤水分、土壤质地、土壤空气、土壤酸碱度和土壤养分等。

1. 土壤种类 我国脐橙主要分布在南方红壤、黄壤及紫色土丘陵山地，冲积土也有栽培。

红壤可分为麻沙土、粉红土、红沙黏土及黄泥土，都是长期高温和干湿季交替条件下形成的，黏、酸、瘦。土壤有机质含量在1%以下，酸度大，pH 4.5～5.5，活性铝含量高，土壤团粒结构差，流失严重，易干旱板结。如不加以改造，种植脐橙难以成功。

紫色土主要由紫色页岩和紫色砂岩风化而成，从颜色到理化性状都受母质性状强烈影响，是一种幼年土。土层薄，一般在70厘米以内。水土流失严重，常见母质裸露。呈中性至弱碱性，pH 7.0～8.5。通透性比较好，保水保肥能力差。有机质含量1%左右，含氮低，磷、钾含量稍高，易发生缺素症。如枳砧脐橙主要表现缺铁，同时伴随缺锌。质地为中壤—重壤，少数为黏土，同样需要改良。

2. 土壤温度 脐橙根系正常生长，需要一定的土壤温度。在正常气候条件下，根系活动开始的最低土温为12℃，开始生长的土温为16～18℃，迅速生长期的土温为26～28℃，超过37℃则停止生长。秋冬以后，土温下降到19℃以下时，根系生长衰弱；9～10℃时，根系尚能吸收氮素营养和水分；当降到7.2℃时，则丧失吸水能力。

3. 土层深度与土壤水分 脐橙根系分布深度受土层深度的影响很大，土层深的根系分布深度可达100～120厘米，甚至更深。这样自然根系强大，生长旺盛，产量高，经济寿命长。土层浅的脐橙园，根系生长发育受到抑制，破坏了地上部分与地下部分的平衡，将会出现一系列不正常的生理现象，最终导致植株衰败，甚至死亡。可见深翻扩穴改土，为根系生长发育创造良好的土壤环境是丘陵山地栽培脐橙成败的关键。当然，脐橙栽培对土层深度的要求，也会因栽培模式的变化而改变。如：采用矮化密植栽培的脐橙园，为了控制树冠特别是树高生长过快而采用限根栽培，土层深度就不一定要求很深。

土层深度直接影响土壤含水量。脐橙根系直接从土壤中吸收水分，土壤水分的多少与脐橙的生长、结果、产量、品质密切相关。土壤水分不足，即使其他生长因素都适合，脐橙仍然会因为缺水而被迫休眠，不会萌芽抽梢，在幼果期还会引起严重落果。如果土壤水分含量经常保持在较低范围内，脐橙根系群生长虽好，但果实产量降低，果汁也显著减少。从土壤条件方面看，脐橙对土壤水分需要的多少与土壤肥力、土壤结构、土壤溶液浓度、土温、土壤孔隙度、施肥种类以及土壤管理相关。脐橙种植在肥土中，比种植在瘦土中需水少；种植在沙壤土中比在黏土中需水少；土壤溶液的浓度高，需水量多；良好的土壤管理可以改善脐橙的需水率，土壤透气、土温适宜也能收到同样的效果。但土壤水分过多，使某些物质还原产生硫化氢、亚硝酸等有害物质，所以大量施用有机肥的脐橙园和多雨地区、多雨季节更应注意排水。总之，栽培脐橙以土壤水分保持田间持水量的60%～80%比较适宜。

4. 土壤质地与土壤空气 脐橙根系必须在一定通气条件下才能正常生长。要求土壤孔隙度为50%～60%，含氧量3%～4%以上。若土壤孔隙度在35%以下，含氧不足2%以下，根系生长逐渐停止。氧气在土壤中分布越深，根系伸长越深广。

脐橙对土壤的适应范围比较广泛，由沙壤到中黏壤均能生长良好。但不适应未经改良的过分黏重的砖红壤、黄壤、黄红壤。此类土壤团粒结构差，肥力低，虽土层深厚，但底土板结，排水不良，通气条件恶化，使根系发育不良，植株生长差，容易引起根系腐烂。沙质土虽然通透性好，但是团粒结构太差，保水保肥能力弱。根系发育虽然好，但结果少，果实味

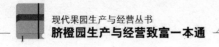

淡酸少，同样需要改良。

5. 土壤酸碱度　脐橙适宜微酸性至中性土壤，pH 在 6～6.5 较为适宜。pH 在 4.8～8.5 范围内虽然都能栽培，但过酸过碱均不适宜。土壤酸碱度能改变土壤理化性状，直接影响土壤微生物活动和肥料分解及营养元素的吸收。pH 在 5.5 以下时，易发生铝、锰、铜、铁过量和钙、镁、钼缺乏。赣南丘陵红壤脐橙园，结果后容易出现比较严重的镁、硼缺乏，与土壤pH 过低有关。当土壤 pH 低于 4 时，还会引起金属离子对树体的毒害反应。pH 在 7 以上时，亦会对枳砧脐橙产生影响，表现花叶而低产。pH 在 8.5 以上时，锰、铁、铜、硼、磷的可溶性剧减，同样对脐橙的生理活动产生不良影响。因此，要对土壤的 pH 经常进行调整。

6. 土壤养分　脐橙所需的氮、磷、钾、钙、镁、硫等主要元素和硼、锌、锰、铁、铜、钼等微量元素，主要从土壤中吸收。所以，要提高土壤肥力，增加养分。提高土壤肥力的关键是增施腐殖质。腐殖质能增进土壤团粒结构的形成，改善土壤理化性状，对土壤酸碱度有较强的缓冲能力；同时，腐殖质本身含有丰富的各种营养元素。所以，要对脐橙园增施有机肥。

第二章
脐橙的品种与苗木

脐橙是多年生作物，其经济寿命长达几十年。品种的优劣，苗木的良莠，直接影响脐橙的生长发育、产量及品质，从而影响生产者长远的经济利益。因此，选择生态适应性、栽培适应性和综合经济性状均表现优良的品种和品种纯正、生长健壮的苗木，是建立丰产优质脐橙果园的先决条件。

一、脐橙主要栽培品种和砧木品种

（一）脐橙主要栽培品种

脐橙自以华盛顿脐橙传颂于世之后，因其容易产生变异，加上各国十分重视品种的选育，从而产生了大量的新品种（系），构成了庞大的脐橙家族。

现有的脐橙品种根据品系产生地区分为七个系统，即美国系、巴西系、南非系、澳大利亚系、西班牙系、日本系和中国系。其中美国系因有来自加利福尼亚州（以下简称加州）、佛罗里达州（以下简称佛州）两个完全不同的气候类型，又可分为加州系和佛州系。产生于美国佛州、西班牙和日本的品种，因其发源地的气候具亚热带的特点，比较适合温暖潮湿的气候环境，引入我国栽培成功的机会多些。相反，在高温干燥环境如美国加州、巴西、南非、澳大利亚等地产生的品种，引入我国栽培，成功的机会相对较小。

美国系：来源加州的品种有罗伯逊、汤姆逊、阿德伍德、基莱特、卡特、菲雪尔、纽荷尔、福罗斯特珠心系、朋娜等；来源佛州的品种有格林、德里、沙漠菲尔德等。

巴西系：巴哈宁哈、彼拉西卡巴、阿拉拉斯、卡勃拉等。

南非系：奥伯霍尔泽、格里海德、鲁登伯格等。

澳大利亚系：莱恩、贝郎珠心系、伦晚、林等。

西班牙系：奈维林娜、奈维莱特等。

日本系：大三岛、福本、丹下、清家、铃木、森田、吉田等。

中国系：奉节 72-1、秭归 35 号、眉山 9 号、赣南早、日芬早、安远早、龙回红、赣福等。

江之鉴对世界各国脐橙主产区自然地理特点的分析研究，认为脐橙在高温、温暖、低温的生态环境中均能作经济栽培，说明温度不是低产的主要原因。在多雨、少雨的地区亦能作经济栽培，说明降水量也不是低产的主要原因。而华盛顿脐橙（以下简称华脐）只有在低湿或中湿的生态环境栽培才能获得经济产量，说明空气的相对湿度过高是华脐系低产的主要原因。若在高湿地区栽培华脐，大多不适应当地生态环境，但亦有可能出现芽变系而转向适应。根据各品系对不同湿度环境的适应性，将脐橙品种分为低湿和高湿类型。在大量引种、栽培实践中还发现，脐橙芽变动向和生态适应，还有很多中间类型，既适应高温低湿环境，也适应温暖潮湿环境。据此，将国内外一些生产上有价值的脐橙品种分成低湿或中湿品种、高湿品种和中间类型品种。

低湿或中湿（相对湿度 50%～60%）品种：巴哈宁哈、华盛顿、阿德伍德、福罗斯特、基莱特、奈维林娜、奈维莱特等。

高湿（相对湿度 80%）品种：沙漠菲尔德、俊、格林、铃木、丹下、清家、赣南早、日芬早、安远早、龙回红、赣福等。

中间类型品种：罗伯逊、卡特、林等。

虽然脐橙家族庞大，品种多，特别是近几年国内外选育的新品种多，但全球栽培面积比较大的品种不到 10 个。目前在中国栽培的脐橙品种主要有纽荷尔、奈维林娜、奉节 72-1 等，以纽荷尔脐橙面积最大、分布最广。按照果实成熟季节划分法，11 月以前成熟的品种为早熟品种，11 月至 12 月成熟的品种为中熟品种，12 月至翌年 1 月成熟的为中晚熟品种，2 月以后成熟的为晚熟品种。

1. 早熟品种

（1）赣南早脐橙。原产赣州于都禾丰镇，纽荷尔脐橙芽变。为赣南具有自主知识产权的优良品种，主要分布在于都、信丰等县。

树势中等偏弱，树姿较开张。萌芽力较弱，成枝力较强，树冠枝梢稍稀疏。枝梢柔软，节间长，无刺。叶片楔形，叶色较浅，叶脉突出，色浅。果实近圆球形，果面稍粗糙，较大，单果重 200 克以上。肉质脆嫩化渣，汁多，风味酸甜适口，可溶性固形物含量 9.0%～13.0%，可滴定酸含量 0.48%～0.63%，每 100 毫升果汁维生素 C 含量 40.0～56.0 毫克。果实 9 月初开始褪绿，9 月中旬开始着色，9 月下旬果皮深橙色，果肉橙黄色有光泽。果实 9 月底至 10 月上旬成熟，比纽荷尔脐橙早 30 天成熟，是目前世界上成熟期最早的优良脐橙品种。

（2）日芬早脐橙（赣脐 4 号）。原产赣州龙南县程龙镇，纽荷尔脐橙芽变系，为赣南具有自主知识产权的优良品种。

树体性状与纽荷尔相近。9 月下旬果皮橙黄色，可溶性固形物含量约 11.0%，果肉细嫩化渣，果汁丰富，果肉呈黄绿色，熟期比纽荷尔提早近 1 个月。果面油胞稍大，剥皮较容易。

（3）安远早脐橙（赣脐 5 号）。原产赣州安远县欣山镇，纽荷尔脐橙芽变系，为赣南具有自主知识产权的优良品种。

树体性状与纽荷尔脐橙相近。果实 10 月中旬成熟，可溶性固形物含量 12.9%。

2. 中熟品种

（1）纽荷尔脐橙。华盛顿脐橙芽变，我国于 1979 年从美国、西班牙引进。主产赣南、湘南、桂北，是目前中国脐橙中栽培面积最大的脐橙品种。

生长势强，树姿开张，枝梢粗壮，有短刺。叶片卵圆形，大而肥厚，叶色深绿。具很强的早结丰产、稳产性。果实椭圆形，较大，单果重 180～220 克。果面光滑，深橙至橙红色。脐孔较小，多闭脐，脐黄、裂果较轻。可溶性固形物含量 11%～14%，可滴定酸含量 0.4%～0.8%，每 100 毫升果汁维生素 C 含量 46.5～64.0 毫克，可食率 70%～75%。肉质脆嫩化渣，汁多，风味浓甜，品质优良。果实 11 月中、下旬成熟，丰产，耐贮性较强。对缺硼、镁敏感。

（2）清家脐橙。原产日本爱媛县，为华盛顿脐橙芽变。1978 年引入我国，主要分布在川渝地区，鄂、湘、闽、桂、滇也有零星栽培。

树势中等，树冠圆头形，枝条短，节间密。叶片椭圆形，较小而色深。果形倒卵状圆球形或短椭圆形，单果重 180～220 克。果面较光滑，橙色。皮薄，肉质紧密，脆嫩化渣，风味与华盛顿脐橙相似。可溶性固形物含量 11%～13%，可滴定酸含量 0.6%～0.9%，每 100 毫升果汁维生素 C 含量 40.0～45.0 毫克，可食率 70%～78%，果实 11 月中、下旬成熟。以枳壳作砧，树冠较矮小，结果早、较丰产稳产，品质优良。

（3）大三岛脐橙。原产日本，为华盛顿脐橙芽变。1978 年引入我国，主要分布在四川、重庆、广西、浙江等地。

树势中等或较弱，树姿开张，树冠圆头形或半圆形，枝条短密，叶片小而密生。果实短椭圆形或圆球形，较大，单果重200～250克。果面近果顶部光滑，橙色或深橙色。多闭脐，果皮薄，易裂果。可溶性固形物含量 10%～12%，可滴定酸含量 0.6%～0.8%，每 100 毫升果汁维生素 C 含量 40～50.0 毫克。可食率 70%～80%，果肉脆嫩多汁，风味酸甜适中，品质优良。果实 11 月中、下旬成熟，较丰产，较耐贮藏。

（4）福本脐橙。原产日本歌山县，为华盛顿脐橙枝变。我国 1981 年引进，川、渝、鄂、湘等地有零星栽培。

树势中等，树姿较开张，树冠圆头形。枝条较粗壮稀疏，叶片大而肥厚。果实圆形或椭圆形，较大，单果重 200～250 克。果面光滑，红橙色，较易剥离。多闭脐，果梗部周围有明显的短放射状沟纹。肉质脆嫩多汁，风味酸甜适口，富香气，无核，品质优良。可溶性固形物含量 10%～12%，可滴定酸含量 0.8%～1.0%，每 100 毫升果汁维生素 C 含量 50.0～55.0 毫克，可食率 70%～75%。果实 11 月中、下旬成熟，产量中等。

（5）林娜脐橙。原产西班牙，系华盛顿脐橙芽变。1980 年引入我国，川、渝、鄂、闽、湘等地有一定栽培。

树势较弱，树冠扁圆形，矮小紧凑，枝条短而壮，密生，具小刺。叶片大，椭圆形，叶色浓绿。果实椭圆形或长倒卵形，较大，单果重 200～250 克。果顶部圆钝，基部较狭窄，蒂周常有放射状小沟纹，果色橙红或深橙色，较光滑，果皮中等厚。肉质脆嫩化渣，风味浓甜，可溶性固形物含量 11%～13%，可滴定酸含量 0.6%～0.8%，每 100 毫升果汁维生素 C 含量 50.0～65.0 毫克，可食率 65%～70%。果实 11 月中、下旬成熟，丰产，果实贮藏易出现枯水现象。

（6）龙回红脐橙。原产赣州南康龙回镇，纽荷尔脐橙芽变。为赣南具有自主知识产权的优良品种，目前主要分布在赣南。

树势中等，树姿较开张。树冠紧凑、半圆形，枝条较粗壮，节间较短，偶有短刺。叶片大而厚，深绿色，椭圆形，翼叶小，叶脉明显，脉间叶肉向上凸起，较大叶片反卷。果大，椭圆球形，多闭脐，果面光滑橙红。单果重 250～350 克，果皮较厚，果肉汁多化渣，风味甜。可溶性固形物含量11.0%～12.0%，可滴定酸含量 0.4%～0.5%，每 100 毫升果汁维生素 C 含量 47.0～52.0 毫克，可食率 72%～75%。果实 11 月上、中旬成熟，丰产，抗冻能力较强，果实耐贮能力稍差。

3. 中晚熟品种

（1）华盛顿脐橙。简称华脐。全国各地都有分布，其中以重庆奉节、湖南新宁为主要栽培区域。华盛顿脐橙性喜冬暖夏凉、少雨、日照长的夏干区气候，不适宜夏季高温多湿、冬季寒冷干燥的气候，尤其在花期和幼果期对高温低湿更敏感，易引起严重的落花落果。

树势强，树姿开张，树冠圆头形或半圆形，大枝粗长、披垂。果实椭圆形或圆球形，有脐，开张或闭合，果大，单果重180～200 克。果面光滑，深橙色或橙红色。油胞平生或微凸，果皮厚薄不均，果顶部薄，近果蒂部厚，较易剥皮。肉质脆嫩、多汁、化渣，甜酸适口，富芳香味。可溶性固形物含量11%～14%，可滴定酸含量 0.7%～1.2%，每 100 毫升果汁维生素 C 含量 53.0～60.0 毫克，可食率 75%～80%。果实在重庆 12 月上、中旬成熟，耐贮能力强。

（2）奉节 72-1 脐橙。为华盛顿脐橙芽变，1972 年选自重庆奉节园艺场。主产于重庆的奉节、云阳、巫山、巫溪等县。在相对空气湿度 65%～70% 的地区更适合奉节 72-1 脐橙栽培。

主要性状与华脐基本一致。

（3）卡拉卡拉脐橙。俗称红肉脐橙，为华盛顿脐橙芽变。根据木质部的颜色分红梗和青梗两类。红梗果肉更红、风味更浓；青梗果实更大，风味稍淡。各脐橙产区都有一定分布。

树势强，树姿开张，树冠圆头形或半圆形，枝较粗长、披垂。果实椭圆形或圆球形，多闭脐。果中等大小，单果重170~220克。果面光滑，深橙或橙红色。果肉红色，脆嫩化渣，品质优良。可溶性固形物含量 11 %~13.0%，可滴定酸含量0.6%~0.8%，每 100 毫升果汁维生素 C 含量 40.0~50.0毫克，可食率70%~75%。果实 12 月上、中旬成熟，产量中等。耐贮能力较强，但遇异常天气，枯水比较严重。

4. 晚熟品种

（1）伦晚脐橙。原产澳大利亚，为华盛顿脐橙芽变。主要分布在三峡库区，赣南、湘南等地有少量栽培。

树势强，树姿开张，大枝粗长、披垂。果实圆球形，中等大，单果重 180~240 克。脐小，多闭合。果面光滑，橙色。肉质脆嫩，富香气，汁较少，酸量低，品质优良。可溶性固形物含量 11.0%~12.5%，可滴定酸含量 0.6%~0.8%，每100 毫升果汁维生素 C 含量 40.0~50.0 毫克，可食率72%~78.0%，果实 12 月中、下旬开始着色，翌年 3~4 月采摘，表现高糖、低酸、浓香特性。

（2）奉晚（凤晚）脐橙。又名奉节 95-1，为奉节 72-1 脐橙芽变系。主要分布在重庆奉节、云阳，万州等地。

树势强健，树冠呈自然圆头形。果实短椭圆形或圆球形，果较大，单果重 180~210 g。果皮较薄、橙黄色至橙色，油胞细密，较光滑，脐小多闭合。细嫩化渣，味浓微香，酸甜适度，品质优良。可溶性固形物含量 10.5%~14.0%，可滴定酸含量0.7%~1.0%，每 100 毫升果汁维生素 C 含量 40.0~55.0毫克，可食率 70%~75%。果实成熟期为翌年的 2~4 月，丰产稳产，品质优良。

（3）鲍威尔脐橙。原产澳大利亚，为华盛顿脐橙芽变，2002 年由重庆恒河果业公司引进，主要分布在重庆三峡库区的江津、奉节等地，表现晚熟、丰产性好。

树势强健，树姿稍开张。果实扁球形至椭圆形或倒卵形，果大，单果重可达 350 克。果脐突出不显著，基部截形，顶端圆形，有印环。果皮平滑，油胞明显，中等密度。可溶性固形物含量 11%～13.5%，可滴定酸含量 0.5%～0.8%，每 100 毫升果汁维生素 C 含量 45.0～55.0 毫克，可食率 65%～75%，无核。在重庆奉节 12 月下旬开始着色，成熟期为翌年 2～4 月，具有冬季落果率低、丰产、晚熟性好、耐低温寒害能力强等特性，但易枯水。

（4）切斯勒特脐橙。原产澳大利亚，为华盛顿脐橙芽变。2002 年由重庆恒河果业公司引进，主要分布在重庆三峡库区的奉节、云阳、万州等地，表现晚熟、丰产性较好。

树势强，树姿开张，树冠圆头形或半圆形。果实扁球形至椭圆形或倒卵形，果大，单果重可达 400 克。果皮平滑，油胞明显，密度中等，与其他晚熟脐橙比较，果皮质地相对较细。果脐突出不显著，基部截形，顶端圆形，有印环。可溶性固形物含量 10.0%～13.0%，可滴定酸含量 0.6%～0.8%，每 100 毫升果汁维生素 C 含量 40.0～50.0 毫克，可食率 65%～75%，无核，风味优良。在重庆奉节 12 月底开始着色，翌年 2～5 月成熟，冬季落果不显著，果实耐低温能力较强，丰产、晚熟。

（5）红翠 2 号。为奉节 72-1 脐橙芽变，重庆奉节红翠果业公司选育，仅在重庆奉节有栽培，表现为品质优，产量高且稳产，抗性强，晚熟。

树冠圆头形，树姿开张，树势强健。枝条较粗、无刺。叶片长椭圆形、较大、较厚、深绿色，叶背叶脉突出。翼叶小，倒卵形或线形。果实卵圆形，中等大，单果重 180～200 克。果面深橙色至橙红色、光滑，油胞小、密，平生或微凸。果顶圆或钝突，多数闭脐。果肉甜酸适口，风味浓郁，细嫩化渣。可溶性固形物含量 11.5%～13.5%，可滴定酸含量 0.4%～0.6%，每 100 毫升果汁维生素 C 含量 45.3～48.8 毫克，可食率65.0%～70.0%，无核。果实成熟期为翌年 2～4 月，到

4月底枯水现象不明显，也无返青现象，果实硬度仍然较好。

（二）主要砧木品种

我国砧木品种已基本区域化，各柑橘产区都有与之相适宜的砧木品种供生产发展需要。例如红壤地区主要选用枳、枳橙为主，紫色土地区主要选用资阳香橙、红橘为主。目前应用较多的砧木是枳、资阳香橙、红橘、枳橙。

1. 枳 枳又名枸橘、臭橘，原产中国中部，北起河北、河南、山东，南至广东、广西均有分布，是中国目前运用最多的砧木品种，常用作甜橙、金柑和宽皮柑橘的砧木。

落叶性灌木或小乔木，主根浅，侧根发达，适宜微酸性的壤土或黏壤土。枳耐寒性强，能耐−20℃低温；抗病力强，对脚腐病、衰退病、木质陷孔病、溃疡病和线虫等有抵抗力。嫁接后表现早结果、早丰产、矮化或半矮化、耐寒、耐涝、耐旱、果皮薄、油胞细、果面光滑、着色佳、可溶性固形物含量高、糖多酸少、较耐贮藏。但不耐盐碱，不抗裂皮病、病毒病。枳在海涂、盐碱地、石灰性土等碱性土壤上极易表现缺铁性黄化，导致果小味酸，品质差。

2. 资阳香橙 原产四川峨眉山、湖北兴山等地，是当前最优秀的柑橘抗碱砧木，常用作甜橙、宽皮柑橘、柠檬的砧木。树势强健，常绿。枝条细软而密生，较为直立，具短刺。主根深，根系发达，寿命长。抗旱、抗寒、抗天牛、脚腐病及速衰病，较耐热耐瘠和缺铁环境。但不耐冻，苗期易患立枯病。嫁接后树冠高大，产量高，果形大，结果较枳稍晚，盛果期迟，初果期稍低产。

3. 红橘 红橘又名川橘，主产四川、福建，是橙、柑、橘、柠檬较好的砧木。根系发达、分布浅、须根多，耐寒性较强、抗脚腐病、裂皮病，较耐盐碱、耐涝、耐瘠薄。嫁接椪柑后树冠直立性较强，产量高、果大、皮薄、味甜，但嫁接甜橙表现树体高大，结果延迟，产量和品质均不及枳砧。

4. 枳橙　枳橙是枳与橙类的杂交种，分布于四川、安徽、江苏等，半落叶性小乔木，常用作甜橙和宽皮柑橘的砧木。嫁接后树势强、根系发达、生长快、耐贫瘠、抗旱，结果早、丰产、果实可溶性固形物含量高，风味浓。耐寒、抗脚腐病能力稍弱。

5. 枸头橙　枸头橙系酸橙的一种，原产于浙江，是海涂柑橘的最好砧木，常作甜橙、宽皮柑橘、柠檬的砧木。根系发达、耐湿、耐寒、耐旱、耐盐碱，抗脚腐病，不抗衰退病。对土壤适应性较强，大小年不显著。嫁接后生长强健，树冠大、寿命长、产量稳定。进入结果期比枳略晚，结果初期果味偏淡，风味较差，树干易遭受天牛为害。

二、脐橙苗木培育

现在家庭农场和商品性生产的基地，都是从专业的良种苗木繁育公司购进苗木，自繁自育的情况非常少。但也不排除一些很少使用的品种良种繁育公司不批量生产，或果农自选自用优良单株，可能需要自己进行自繁自育。所以，了解苗木培育知识，对大家如何选苗、购苗有帮助。

（一）基本定义

1. 嫁接苗　特定的接穗品种与砧木嫁接后培育而成的苗木，通常所说的柑橘苗是指无检疫性病虫害的合格嫁接苗。

2. 无病毒苗　母本树是由茎尖脱毒嫁接培育而成，接穗来自脱毒原种树，培育的苗木不带任何病毒或类病毒病（黄龙病、裂皮病、碎叶病、柑橘衰退病）的苗木。

（二）无病毒苗培育的基本要求

1. 培育方式　在严格的保护条件下，对温度、湿度、光照、土壤等植物生长条件实行人工调控并大量生产苗木的工厂化育苗。

2. 场地选择 交通方便、水源充足、地势平坦、通风和光照良好、远离病源、无环境污染，露天苗圃周围 5 千米内无芸香科植物。疫区育苗必须实行网室育苗，1 千米内无芸香科植物并用围墙或绿篱与外界隔开。

3. 育苗设施

（1）玻璃温室（砧木繁育圃）。温室的光照、温度、湿度、土壤条件可人为调控，最好具备 CO_2 补偿设施，进出温室的门口设置缓冲间。

（2）网室。扩繁场建有一定数量的 50 目网室大棚，用于无病毒母本园、采穗圃的保存和苗木繁殖。无病毒母本园和采穗圃网室内工具专用，修枝剪在每一植株使用前用 1‰ 次氯酸钠液消毒。进出网室门口设置缓冲间，进入网室工作前用肥皂洗手，操作时手尽量避免与植株伤口直接接触。

（3）育苗容器。育苗容器有播种器和育苗桶两种。播种器是由高密度低压聚乙烯经加工注塑而成，长 67 厘米，宽 36 厘米，有 96 个播种穴，穴深 17 厘米。每个播种器可播 96 株苗，能装营养土 8~10 千克，耐重压，防紫外线，耐高、低温，耐冲击，可多次重复使用，使用寿命 5~8 年。

育苗桶由线性高压聚乙烯吹塑而成，桶高 38 厘米，桶口宽 12 厘米，桶底宽 10 厘米，梯形方柱，底部有 2 个排水孔，能承受 3~5 千克压力，使用寿命 3~4 年，桶周围有凹凸槽，利于苗木根系生长、排水和空气的渗透，每桶移栽一株砧木大苗。

（三）无病毒苗木繁育

1. 营养土配制及消毒 营养土要疏松、透气、肥沃、质地轻。主要材料为壤土（沙性壤土更好）、河沙、谷壳、腐熟有机质，配制比例为 1 米^{3}壤土＋0.2～0.3 米^{3}河沙＋0.2～0.3 米^{3}谷壳＋10～15 千克腐熟有机质。壤土、腐熟有机质最好粉碎过筛，最大颗粒控制在 0.3～0.5 厘米内。河沙、谷壳应过筛去除杂物。播种用营养土中的谷壳需粉碎，移栽大苗则无需粉碎。配制时充分拌匀，不能随意增加或减少各成分用量，以免影响营养土的结构，不利于保肥、保水、透气和苗木根系生长。可将按照配方的各种材料，加入到建筑用的搅拌机中搅拌 5～6 分钟，使其充分混合。

将混匀的营养土放入消毒箱中，利用锅炉产生的蒸汽消毒。锅炉蒸汽温度保持在 100℃ 大约 10 分钟。然后将消毒过的营养土堆放在堆料房中，冷却后即可装入育苗容器。

2. 砧木种子播种　播种前种子用 50℃热水浸泡 5～10 分钟，捞起后放入用漂白粉消毒过的清水中冷却，捞起晾干备用。

播种前把温室和有关播种器、工具用 3‰来苏尔或 1‰漂白粉消毒一次。装营养土到播种容器中，边装边抖动，装满后搬到温室苗床架上，每平方米可放 4.5 个播种器，把种子有胚芽的一端植入土中，这样长出的砧木幼苗根弯曲的比较少，根系发达，分布均匀，生长快速，是培养健壮幼苗的关键步骤之一。播种后覆盖 1～1.5 厘米厚的营养土，灌足水，以后可视温度高低决定灌水次数。

3. 砧木苗移栽　当播种砧木苗长到 15～20 厘米高时，即可移栽。移栽前对幼苗充分灌水，然后把播种器放在地上，抓住两边抖动，直到营养土和播种器接触面松动，再抓住苗根颈部一提即起。把砧木苗下面的弯曲根剪掉，轻轻抖动后去掉根上营养土，并淘汰主干或主根弯曲苗、畸形苗和弱小苗。装苗前先把育苗桶装上 1/3 的营养土，把苗固定在育苗桶口中央位置，再往桶内装营养土，边装边摇动，使土与根系充分接触，压实即可。但主根不能弯曲，同时也不能种得过深或过浅，位置应在原来与土壤接触位置稍深 2 厘米即可，灌足定根水，第二天浇施 0.15% 复合肥（N：P：K＝15：15：15）。

4. 苗木嫁接 当砧木苗离土面 10 厘米位置主干直径达到 0.5 厘米时即可嫁接。采用 T 形芽接或小芽腹接，嫁接口高度离土面 10 厘米左右。用嫁接刀在砧木上比较光滑的一面垂直向下划一条长 2.5～3 厘米的切口，深达木质部，然后在砧木水平方向上横切一刀，长约 1 厘米，并确定完全穿透皮层。在接穗枝条上取一单芽插入切口皮层下，用长 20～25 厘米、宽 1.25 厘米聚乙烯薄膜从切口底部包扎 4～5 圈扎牢即可。为防止品种、单株间的病毒感染，嫁接前对所有用具和手用 0.5% 漂白粉溶液消毒。嫁接后给每株挂上标签，标明砧木和接穗，以免混杂。

5. 嫁接后管理 苗木嫁接 3 周后，用刀在接芽反面解膜，此时嫁接口砧穗结合部已愈合并开始生长，待解膜 3～5 天后把砧木顶端接芽以上的枝干反向弯曲。把未成活的苗移到苗床另一端进行集中补接。接芽萌发抽梢自剪并成熟后剪去上部弯曲砧木，剪口最低部位不能低于接芽的最高部位，剪口与芽相反呈 45°倾斜，以免水分和病菌入侵，且剪口平滑。由于容器育苗生长快，嫁接后接芽愈合期间砧木萌芽多，应及时抹除。

6. 立柱扶苗 容器嫁接苗嫩梢生长快，极易倒伏弯曲，需立柱扶苗。可用长 80 厘米、粗 1 厘米左右的竹片或竹竿扶苗。第一次扶苗应是嫁接自剪后插柱，插柱位置应离苗木主干 2 厘米处不致伤根，用塑料带把苗和立柱捆成"∞"字形，不能把苗捆死在立柱上，以免苗木被擦伤或抑制长粗造成凹痕等影响生长。应随苗木生长高度而增加捆扎次数，一般应捆 3～4 次，使苗木直立向上生长而不弯曲。

7. 肥水管理和病虫防治 由于苗木处在最适生长条件下，生长迅速。小苗从播种后 5～6 个月可长到 15 厘米以上，即可移栽，移栽后的砧木苗只需 5 个月左右就可嫁接，嫁接后 6 个月左右即可出圃，即从砧木种子播种开始算起，到苗木出圃只需 16～17 个月。因此对肥水的要求比较高，一般每周用 0.3%～0.5%复合肥或尿素淋苗一次。此外，还需根据苗木生长情况适时进行根外追肥。因温室、网室内病虫害比较少，土壤经过消毒，而且不重复使用，所以一般情况下幼苗期喷 3～4 次杀菌剂防治立枯病、脚腐病、炭疽病、流胶病即可。虫害的防治除用相应的药剂外，还可在温室、网室内设立黑光灯捕虫。严格控制人员进出，施行严格的消毒措施，防止人为带进病虫源。

（四）苗木出圃及标准规范

1. 出圃前准备及时期　苗木出圃前挂牌区分砧木和品种，剔除不合格苗木，检查是否有病虫害发生。另外，苗木出圃前，苗圃管理者应向当地植物检疫机构申请出圃前的产地检疫，检疫不合格的苗木一律不得出圃，就地销毁。

2. 出圃标准　砧木无萌蘖，砧木略粗于嫁接口上部植株，嫁接高度达到 10 厘米以上，嫁接口愈合完全、平滑。主干粗壮直立，苗高 40 厘米以上，确保有二次梢且老熟，整棵植株没有明显的病虫害为害痕迹。根系完整，须根发达，具活力。

三、苗木假植

（一）苗木假植的优点

我国大部分脐橙产区都是柑橘黄龙病疫区，为有效防控柑橘黄龙病，与黄龙病抢时间、争速度，假植大苗上山种植是一项行之有效的技术措施。

1. 规避幼苗期感染黄龙病的风险　脐橙幼树期生长速度快，一年发芽抽梢次数多，每一次发芽抽梢的数量多，稍不注意很容易遭受柑橘木虱为害而增加感染柑橘黄龙病的风险。将出圃后的小苗换成更大的营养桶，在防虫网棚内假植 1～1.5 年，只要网棚管理规范，遭受柑橘木虱为害的可能性几乎没有，也就能规避幼苗期感染柑橘黄龙病的风险。

2. 管理方便，成本低 网棚假植培育苗木，把苗木相对集中抚育，各项管理技术措施容易落实到位，还节省成本。如定植第一年的幼苗，每 10～15 天要浇一次腐熟水肥，网棚集中管理操作上很容易实现。但分散管理却有一定难度，特别是基础设施不完备的脐橙园。即使能做到，管理成本也要比集中抚育成倍增长。

3. 随时更换问题苗 脐橙园假植备份一定数量的大苗，园内一旦出现问题苗，可以随时用假植苗更换，保持脐橙园相对完整和园相整齐。

（二）苗木假植前的准备

1. 场地选择 苗木假植场地应临近果园，以方便搬运。地势平坦，排水良好；向阳背风，最好有一定的自然隔离条件；水源充足，取电方便；交通便利，有利于苗木、营养土等运输。

2. 搭建防虫网棚 防虫网棚主体结构为钢架结构，扎实牢固；防虫网密度为 40～50 目尼龙网，永久保留的假植网棚可用 40～50 目不锈钢网；搭建网棚面积的大小，则可根据假植苗木数量来定。

3. 苗木选择 苗木是果园成败的关键，一定要选品系纯正、无检疫性和其他严重病虫害，根系发达，达到国家标准《柑橘嫁接苗》（GB/T 9659—2008）确认的主干粗度、苗木高度和分枝数量，即干粗 0.6 厘米、苗高 45 厘米以上、主枝 2 条以上。

4. 配制营养土 配制的营养土应具备以下条件：①配制

原料就地取材方便，成本较低；②疏松、透气、肥沃，质地较轻；③pH 5.5～6.5 弱酸性；④经过处理的营养土清洁卫生，不带病原菌、虫卵和杂草种子。营养土配制的主要材料有沙性壤土、河沙、谷壳、腐熟有机肥、磷肥、生石灰等。

配方比例：1 米^{3}壤土＋0.2～0.3 米^{3}河沙＋0.2～0.3 米^{3}谷壳＋10～15 千克腐熟有机肥＋2.5～3 千克磷肥＋2.5～3 千克生石灰，充分拌匀，堆沤 30～45 天充分发酵腐熟，即可装袋使用。

5. 容器 容器主要分为两种：一种是由聚乙烯、聚氯乙烯、聚苯乙烯等材料制作而成的塑料容器；另一种是由无纺布制成的无纺布袋状容器。假植容器根据假植时间长短来选择，如果假植时间 6 个月以内，即春季假植当年秋季定植的，选用规格为直径 18 厘米×高 25 厘米容器；如假植时间 6～12 个月，选用直径 25 厘米×高 30 厘米的容器；如假植时间 12～18 个月，选用直径 30 厘米×高 40 厘米的容器。

6. 假植时间 一年除严冬酷暑之外均可假植，以春梢、夏梢、秋梢老熟后最为适宜。

7. 假植方法 两人合作，一人栽苗，一人铲土。首先将空营养袋装上 1/3 营养土，一人扶苗放在袋中央，另一人加营养土，边加边摇，使根系与营养土紧密结合。营养土可低于营养袋顶部 2 厘米左右，注意嫁接口留在表土外部。

8. 营养袋苗放置 假植的营养袋按畦、行排列放置，畦呈东西走向，每畦宽以放置 3～4 袋为宜，畦与畦之间要留 50 厘米宽的人行道，以利浇水、施肥、喷药等工作。营养袋苗放置好后，用细土填满袋与袋之间的空隙。畦侧面也要用细土填实，以利保水保肥。

（三）假植大苗的管理

1. 肥水管理 苗木假植后，每隔 5～7 天浇透水 1 次（视天气而定），经常保持营养土湿润。15 天后浇施第一次肥，以后每隔 10～15 天浇施 1 次。施肥量可采用每 50 千克稀薄的腐熟水肥加 50～100 克尿素。每月可结合病虫害防治叶面喷施 0.3％尿素＋0.3％磷酸二氢钾 1 次。10 月底以后停止施肥，有保温设施的可延迟到 11 月底。

2. 树冠管理 一年可抽放新梢 4～5 次，一般不做抹芽选梢、摘心等处理，任其自然生长。以后待新梢抽生数量多了，树冠密了，可参照整形的要求去弱留强，疏除过密和分布不合理的枝条。

3. 病虫防治 重点加强柑橘木虱、红蜘蛛、炭疽病、潜叶蛾、溃疡病的防治工作。

第三章
脐橙园的建立

脐橙是多年生常绿果树，经济寿命比较长，通常可达30～50年。选择适宜的地块建立脐橙园是脐橙生产的基础，建园合理、质量高，则管理方便、生产能力强、经济效益高；假如建园不合理、质量低，则管理不便、生产能力弱、经济效益差，迟迟不能投产，甚至不能成园。

一、园地选择

园地的选择在脐橙生产上是非常重要的环节。脐橙园的产量、品质、成本和效益，很大程度上与脐橙园所处的环境条件有关，选址不恰当会给脐橙园今后的生产管理带来诸多不便。因此，建立脐橙园应综合考虑区域气候、土壤类型、地形地貌、海拔高度、水源、交通、周边环境等条件，选择最适宜的地块建园，以期获得最大经济效益。

（一）气候条件

适宜的光、热、水、气等气象条件是脐橙优质丰产的基础，适合在温暖湿润、冬无严寒、昼夜温差大、光照充足的亚热带气候区栽培。

脐橙是耐阴性较强的常绿果树，但经济栽培要获得较好的产量和品质，需要充足的光照，世界脐橙主要产区年日照时数都在 1 600 小时以上。虽然年日照时数少于 1 600 小时的地区，脐橙也能获得较高产量，但果实可溶性固形物含量较低、酸较高、不化渣、着色差、果品综合品质较差。此外，光照不足还易引发病虫害的滋生蔓延。

一般而言，脐橙经济栽培的最适气候条件定界为：年平均温度 17～22℃，≥10℃年有效积温 5 500℃以上，1 月平均温度≥5℃，极端低温－3℃左右，年降水量 1 000 毫米左右，空气相对湿度 65％～70％，年日照 1 600 小时左右；无霜期长，果实成熟期昼夜温差大，有利脐橙果实品质的提高。

（二）土壤条件

脐橙对土壤的适应性较强，除了高盐碱土壤和受到严重污染的土壤外，各种类型的土壤上都能正常生长结果，但较好的土壤条件可节省建园成本和日后的管理成本。

脐橙要获得优质高产，以土层深厚，质地疏松、肥沃，有机质丰富（≥1.5％），有效养分含量高（速效氮 0.01％～0.02％、有效磷 0.015％～0.08％以上、速效钾 0.01％～0.02％），pH 5.5～6.5，排水通气良好，保水保肥能力强的壤土和沙壤土为最好；红、黄壤和紫色土，以及冲积土等多种土壤，经改良后也可种植。主要污染物浓度限值符合 NY 5016—2001《无公害食品 柑橘产地环境条件》标准。此外，地下水位的高低影响根系生长，通常要求果园地下水位在 1 米以下。平地或低洼地建园时，要深挖排水沟，降低地下水位，最好是起垄栽培。

（三）水源与水质

脐橙喜湿润土壤，不耐干旱。我国大部分脐橙产区年降水量都在 1 000 毫米以上，基本能够满足脐橙正常生长发育的需要。但由于分布不均匀，季节性干旱时常出现，多数年份需要不同程度的灌溉。要保证脐橙树体生长结果不受影响，应对一般干旱年份，每亩需要准备 50～60 米³的灌溉水源；应对严重的干旱年份，每亩果园则需要 100 米³以上的灌溉水源。无公害脐橙经济栽培灌溉水质量要求 pH 6～6.5，无工矿企业、医院及生活污染，水质符合 NY 5016—2001《无公害食品　柑橘产地环境条件》标准。

（四）空气质量

空气污染对脐橙生长结果有一定影响，同时也影响果实的食用安全性。脐橙对空气中的二氧化硫、氟化物和一些有机化学污染物敏感。除空气中的化学污染外，空气中的粉尘对脐橙也有明显影响，主要表现在粉尘覆盖在脐橙叶片和果面上，降低光合作用效率，影响果实外观。在空气潮湿环境下，覆盖在脐橙树体上的粉尘还会诱发藻类的发生。因此，无公害脐橙经济栽培区域要求：空气清新，无水泥厂、工矿企业及砖厂、陶瓷厂的粉尘等有毒有害气体的污染，空气质量污染物浓度限值符合 NY 5016—2001《无公害食品　柑橘产地环境条件》标准。

（五）海拔高度

前人研究结果表明：在同一纬度线上，海拔升高，温度、光照及降水等条件都将发生明显变化，直接影响脐橙树的生长发育及生态习性，从而引发果实外观品质和内在品质的生理变化。随着海拔高度升高，光照改善，光合作用增强，蓝紫光和紫外线强度增大，而一定强度的蓝紫光和紫外线强度能够诱使果皮乙烯产生，促进果皮着色。此外，脐橙果实着色也与温度有直接关系，适当的温度可以改善脐橙果实的着色，以 20℃左右最好，超过 20℃的温度则不利于脐橙果实着色。光照能促进可溶性固形物的合成。低温又能减少酸的降解，减缓酸度下降。因此，高海拔地区所产脐橙着色好，含酸量较高，虽鲜采时口感稍酸，但贮运能力较强。

大气层中存在逆温层现象，在晴朗无风或微风的夜晚，地面辐射冷却快，贴近地面的空气随之降温，离地面越近降温幅度越大，离地面越远降温幅度越小，因而形成气温随海拔高度的升高而增加的现象。有研究表明，在海拔高度300～500米范围内，逆温层厚度200～400米，逆温强度为每100米2.15℃，且南坡大于北坡，西坡大于东坡。逆温效应出现在后半夜至次日10时前，逆温最强时间为凌晨，正是出现辐射降温最强的时刻。所以，在易出现脐橙冻害的地区，果园选址应在丘陵山地逆温层上方，以减少冻害的发生。

（六）地形

1. 平地　平地建园投资小，管理方便，但排水是关键。因为平地地势开阔，地面起伏不大，但也存在地下水位较高、易积水的问题。因此，平地建园，除了要选择地势较高的地块外，还要根据地下水位的高低，重点解决排水问题。采取深沟起垄种植的办法，同时建立完善的排灌系统，可以很好地解决排和灌的问题。此外，在土质为纯沙或淤泥层相间的地带，应进行土壤改良，破坏淤泥层，消除地下水位高的现象，以利于柑橘根系生长。在沿江边的平地建园，要修筑防洪堤，防止洪水侵袭。

2. 山地　山地建园因地形、地貌复杂，土层和坡度变化大，水土保持是关键，最好选择低丘缓坡地块建园。山地空气流通，排水良好，除北坡外光照充足，脐橙生长发育良好，果色鲜艳，品质好，耐贮运，但建园投资较大。

3. 沙滩地　沙滩地土层浅薄，含沙量高，有机质和有效养分的含量都很低，保水、保肥力差，昼夜温差大。地下水位随季节变化大，雨季地下水位高，而旱季低且蒸发量大，难以控水。此外，沙土吸热、传热快，盛夏地表温度可达60℃以上，而冬季夜晚地表温度又偏低，这些都不利于脐橙树的生长。因此，要利用沙滩地种植脐橙，必须进行土壤改良。

（七）坡度和坡向

丘陵山地坡度不同，气候、土壤和水分状况常有较大差异。一般建园以20°以下的缓坡、斜坡地最好。25°左右的倾斜坡地也可，但坡度越大建园投资越大，土地利用率越低，且容易造成严重的水土流失，必须采取有效的水土保持措施。

建园时首选南坡、东南坡和西南坡，其次为西坡和东坡，再次是北坡。南坡日照较多，较温暖，物候期开始早，果实成熟也相应提前。但南坡蒸发量较北坡大，因此容易干旱。西坡和东坡介于南坡与北坡之间，但西坡夏、秋日照强，果实和树体易发生日灼病。

（八）交通

脐橙果实产量高，一般成年果园单产可达到2吨/亩，丰产脐橙园可达4～5吨/亩。脐橙生产管理的肥料、喷药机械等农资农具也比较多，这些都需要机械运输。所以，果园应该选择在交通方便、道路质量较好的地方。

（九）其他

1. 风力与风向　　微风和小风有利于脐橙园的空气流动，既可减少冬季和早春的霜冻，又可以减少夏秋高温对脐橙的伤害。增强蒸腾作用，促进根系的吸收和输导。降低脐橙果园湿度，减少病虫害的发生。但大风会降低光合作用，加剧土壤水分蒸发而加重干旱。冬季低温时的大风加重冻害。大风使树枝摇摆，擦伤果实和枝叶，果面伤疤多，并增加病菌感染机会。

强风甚至吹断枝干、吹落果实。因此，脐橙园不适于建在风口地带。

2. 生态保护要求　从生态保护和建设宜居环境角度出发，不能侵占生态公益林区、江河源头区、饮用水源区、水源涵养区和基本农田开发建园，居民居住比较集中的村、镇周边天水倒向城镇 1 千米范围内的丘陵山地，也不宜开发建园。

3. 当地的产业规划　脐橙园的选址要符合当地的产业规划要求，已经确定发展其他的土地，不宜开发建园。因为脐橙从种植到投产要 3～4 年，进入盛产期一般需要 6～7 年。如果种植脐橙后不久，土地又要被征用，则得不偿失。

二、果园规划

一般面积较小（30～50 亩）或独立的家庭脐橙园，只作简单规划，整好梯带，修好排灌水沟，做好定植穴，即可准备种植。多户集中连片开发和专业化商品生产脐橙基地，应秉承"产业高效、产品安全、资源节约、环境友好"的现代农业发展方针，以充分发挥生态优势、提高土地利用率、克服和改造园地的不利因素、防止水土流失、方便果园管理、促进脐橙优质高产为目的，严格遵循山顶"戴帽"、山腰"种果"、山脚"穿裙"、脚底"穿靴"的生态建园原则进行规划设计。

（一）果园建设原则

1. 因地制宜　脐橙园的建设要最大限度地利用规划区内现有的道路、水利和水土保持等工程设施，尽可能在现有道路框架基础上建设果园道路，在现有的水利基础上建设果园水利系统，不改动耕作区内已形成的梯地或台地，保留房前屋后和河、沟周围的林地和草地等。

2. 道路安全实用　丘陵山地地形地貌比较复杂，果园道路的建设以经济、实用和安全为原则。尽量减少道路施工的工程量，宜弯则弯，能直则直。

3. 排灌方便可靠 水利系统应从实际情况出发，着重"以蓄为主、以提为辅、蓄引结合"的原则，做到旱时能灌，涝时能排，以满足脐橙果树对水分的正常需求。

4. 保护生态环境 脐橙园开发应遵循发展与保护双赢的原则，不规划建设大规模连片种植基地，以200～300亩为一单元分区建园，单元与单元之间保留或种植一定的隔离带，做到果在林中。

（二）果园分区

在一个大型果园内可能有多种地形地貌、土壤类型，为方便栽培管理，要将大果园划分成若干个作业小区。面积可大可小，力求在同一坡面，土壤、光照等条件大体一致，方便灌溉和管理。小区面积的大小，应因地制宜，很难作出硬性的规定。太大管理不便，过小土地利用不经济。丘陵山地脐橙生产园多以山脊、山洼为小区划分界线，每个小区面积在5～10亩之间。

（三）果园道路

专业化商品生产脐橙园，肥料、农药、农机、建筑原材料、果品等运输量大，势必优先规划道路系统。道路要贯穿全园，少占耕地，布局合理，同时结合安排灌溉系统。果园的道路系统由主干道、支路和便道组成，以主干道和支路为框架，通过其与外界公路和园内便道的连接，组成完整的交通运输网络，方便肥料、农药和果实的运输。

1. 主干道 是果园内的运输主路，宽5～6米，外与公路相连，内通各生产大区（山头）和园区内主要场所，应能通行大卡车。

2. 支路 是园区内的主要道路，宽 3～4 米，外接主干道，内通各作业小区。应能行驶小四轮汽车或小六轮农用车，并在适当的地方加宽作会车场所。

3. 便道 是连接主干道或支路的简易道路，果园无论大小，都需设置便道，一般路面宽 0.7～1 米。果园的便道有两种，一种为单纯的人行便道，仅供人员通行，往往与脐橙树的行向垂直或交叉，主要设置在较陡的坡地上，修成台阶。另一种为通用型便道，可通行皮卡和其他小型农机，主要设置在面积较大而又不便通行支路的地方。

4. 密度 果园支道的密度以果园内任何一点到最近的支道、主干道或公路之间的直线距离不超过 150 米，特殊地段控制在 200 米左右。支道采用闭合线路，为减少果园内果品搬运成本，每隔 200 米左右在支道旁边设计果品堆集点。作业道之间的距离，或作业道与支道、主干道或公路之间的距离根据地形而定，一般控制标准为果园内任何一点到最近的道路之间的直线距离在 75 米以内，特殊地段控制在 100 米左右。

5. 转弯半径和会车场所 主干道、支道最小转弯半径 15 米，特殊困难地段不小于 12 米。路线长的单车道需要设会车场所，位置应在有利地点，驾驶员能看到相邻会车场所之间的车辆。设置会车场所的路基宽不小于 6 米，有效长度不小于 10 米。

（四）果园水利

脐橙园水利系统是围绕"排"和"灌"进行规划设计，主要由排水系统、蓄水系统和灌溉系统三部分组成。

1. 排水系统 一是下暴雨时防止洪水冲刷果园，及时将多余的雨水排到园外；二是降低地下水位，防止果园积水，这在水田改建成的果园特别重要。排水系统应与水土保持系统相结合，由横山排蓄水沟、排水沟、梯带内壁竹节沟、沉沙函和

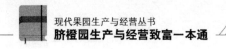
山脚泥沙拦截沟组成。

（1）横山排蓄水沟。如果山地果园上方有较大的集雨面，其地表径流汇集成的水流较大，则需要在果园最上层梯台或山腰公路内侧开挖一条横山排蓄水沟，以防止山洪直接冲刷园内梯台和公路，也可用于蓄水防旱。横沟大小根据上方集雨面积而定，一般沟面宽1米，底宽0.8米，深0.8米左右。可不必挖通，每隔10米左右留一堤挡，比沟面低0.2米，排蓄两便。

（2）排水沟。山地果园的排水沟一般顺脐橙园上下的机耕道、人行道两侧开挖，宽0.4～0.5米，深0.2～0.3米。在与梯台内壁沟相连处挖一深坑，底铺石块，作滴水坑，以缓冲水流，也可蓄水。

（3）梯台内壁竹节沟。每条梯台内侧开挖一条内壁竹节沟，与纵沟相连，深0.2～0.3米，宽0.3～0.4米，每隔3～5米挖一深坑，起蓄水和沉积泥沙的作用。

（4）山脚泥沙拦截沟。在山脚环山公路的内侧挖山脚泥沙拦截沟，拦截泥沙不流出果园。山脚泥沙拦截沟规格可根据土壤类型和坡面条带数量来确定，沙质土而且坡面条带数量较多的，泥沙拦截沟的宽度和深度应在1.0米以上，黏土或条带数量少的宽度和深度可适当减小。山脚泥沙拦截沟不必挖通，每隔10米左右留一堤挡，比沟面低0.2米，排、蓄两便防止土壤流失。横沟要与纵沟连通，有利于排出过多的蓄水。

2. 蓄水系统　蓄水系统包括水库、水塘、蓄水池和沉沙凼等。

（1）水库与水塘。新建水库或水塘应设在容易汇集地面径流的山谷等低洼地，科学论证建设点的地质构造是否满足水库、水塘安全的需要，同时符合国家的有关标准。在条件允许的情况下，水库或水塘最好建在果园的中部或果园中上部，这样可以部分或大部分采用自流引水灌溉。

（2）蓄水池。每个作业区，应根据地形、集雨面积，设置或大或小的蓄水池（沤肥池）。一般每 500～1 000 株树设置 1～2 个 10 米^{3}的蓄水池。大型的脐橙园，应在附近的江、河筑坝，修建提水站引水，或尽量利用地形修建山塘、水库蓄水，或利用上方高水源头，修引水渠至果园，进行自流灌溉。有条件的脐橙园，可设置喷灌或滴灌系统，不仅可节约水资源，还效率更高。

（3）沉沙凼。沉沙凼设在沟旁和蓄水池的旁边，起沉积泥沙和蓄水作用。每条排水沟至少设一个尘沙凼，长的排水沟每隔 20～30 米设一个。蓄水池的入水口前也需设置沉沙凼，减少蓄水池的泥沙淤积。

3. 灌溉系统　灌溉系统由水源、引水渠、引水沟组成。管道类灌溉系统则需要安装提水或加压设施、管道和控制系统等。

果园的灌溉方式有普通灌溉和微灌两大类。普通灌溉可分为沟灌、漫灌和浇灌等方式，微灌分为滴管、微喷、渗灌等。普通灌溉的建设成本较低，容易维护，但需要足够量的水，且水资源浪费现象严重。微灌建设成本较高，需要专业维护，但水资源利用率高，灌溉效果好。

（五）防风林系统

1. 防风林的作用　一是减轻不良气候对脐橙生长结果的影响。在高温干旱季节，防风林能一定程度降低果园温度，提高空气湿度；在冬季寒潮来临时，能减弱寒潮对果园的侵袭，防止果园急剧降温而引起的冻害；在大风天气，防风林可以降低风速，减少大风对果面的刮伤，减轻脐橙风害。二是一定程度上能阻隔病虫害在田间的传播蔓延。比如说阻隔柑橘木虱的田间扩散，对防治柑橘黄龙病具有积极的作用。三是防风林树种选择、建设和管理得当，也能起到美化亮化园区的效果。

2. 防风林的建设　丘陵山地采用山顶"戴帽"绿化，主干道、支道两旁种植绿化树，沿山脊线种 2～3 米宽的防风林，户与户之间的果园种植防护篱，构建丘陵山地脐橙园的防风林系统，将连片基地分隔成一个一个的生态小区，使脐橙园生态园林化。

3. 防风林建设应注意的事项　一是除戴帽山可选择树冠冠幅较大的树种外，其他都应选择生长快、直立性强、水平根不发达的树种，如杉树、柏树等。二是不能与脐橙有共生性病虫害，如枳、九里香等；三是布局上不能给生产管理、机械通行造成过分的影响。

（六）果园附属设施

规模较大的脐橙基地，应规划设计办公楼、住房、仓库等，本着交通便利、位置适宜、少占耕地的原则，合理安排。家庭脐橙园比较简单，设置工具房、果品田间采集点即可。

三、整　　地

（一）梯台修筑——"坡改梯"

在荒山荒坡建设脐橙园，为方便今后的生产管理，需要对园地进行必要的整理，即整地。常见的整地方式为修筑等高水平梯田，俗称"坡改梯"。

梯台修筑原则　一般来说，坡度在 15°以内的不修筑梯田，直接等高撩壕种植。坡度 15°～25°之间的丘陵山地建园应进行坡改梯，修筑等高水平梯带，撩壕种植。为达到经济实用和生态环保目的，修筑梯台应把握以下几点。

（1）保留部分涵养林。为了改善果园生态环境，坡改梯时，应根据山体的大小和坡度的大小，山顶要保留 20％～40％的涵养林，俗称"山顶戴帽"。山脚在环山公路以下，也应保留一部分自然植被或者种植1～2行绿化树，俗称"山脚穿裙"，以利于生态保护、水土保持和果园与果园间的相互隔离。

（2）修筑隔坡式梯田。为使梯田牢固，同时也为了减少修筑梯田导致严重的水土流失，坡度较大的丘陵山地"坡改梯"时，尽可能修筑成复式梯田或隔坡式梯田，即上下两行梯田之间保留一定面积不开挖的自然坡面。

（3）梯面的宽度要因地制宜。梯面的宽度受坡度的限制，但必须要顺应机械化的发展方向，要给今后的生产管理提供相对便利、舒适的劳动环境，尽量控制梯壁的高度在1.5米以下，梯面宽度以不小于3米为好。如局部坡度太陡、梯面宽度达不到2米的特殊地块应放弃，按照林业部门的标准植树造林，做隔离带。

（二）梯台施工

1. 修筑道路、排灌设施　在脐橙园规划完成后，钉上木桩，即可放线施工。首先是修筑主干道，以便运输施工材料，然后修筑机耕道，最后修人行道。在山地坡度较大时，主干道和机耕道要根据地形、地势修成盘山道。盘山道必须沿等高线按3°～5°比降修筑，即100米距离的升降不得超过9米。

道路系统修筑完成后，着手进行排灌水沟的施工。首先开挖脐橙园上方的横山排蓄水沟，切断山水，预防暴雨山洪冲毁工地和梯田带面。接着测定大、小水池位置，开挖水池的泥土就近用于梯田带面填方处。一时挖不出的，要安排好泥土堆放去处，以免梯台建成后平整调运困难。随后挖出主干道、机耕道和人行道两侧的排水沟。

2. 修筑梯台

（1）梯台的结构。梯台由梯面、梯壁、边埂和竹节沟组成。梯面宽度和梯壁高度因坡度大小而异，范围如表 3-1。随着坡度的增大，梯面加宽，梯壁相应增高，施工量越大，建园成本就越高，造成的水土流失可能越重。

表 3-1　梯面宽度和梯壁高度

山地坡度（°）	梯面宽度（米）	梯壁高度（米）
5～10	8	0.6～0.9
10～15	4～4.5	0.9～1.5
15～20	4	1.3～1.8
20～25	3～4	1.8～2.4

修筑完好的梯台要求：①梯壁牢固，边埂高出梯面 10 厘米、宽 20 厘米；②梯面外高内低，内斜 3°～5°，横向平整不呈波浪状，比降 0.3％～0.5％；③背沟宽 30 厘米、深 20 厘米，每隔 3～5 米设一沉沙坑。

（2）测定竖基线。以作业小区为施工单位，选择有代表性的坡面，用绳索自坡顶或山顶横山排蓄水沟到坡脚牵直划一直线，即为竖基线。选择划竖基线处的坡面要有代表性，若坡度过大，则全区梯面多数太宽；若过小，全区梯面会出现很多过窄的"羊肠子"。

（3）在竖基线上测定基点。基点是每条梯面等高线的起点。在距坡顶拦洪沟以下 3 米左右处竖基线上定第一个基点，即第一梯面中心点，钉桩标记。选一根与设计梯面宽相等的竹竿，一端系绳并悬重物。一端放在第一基点上，使竹竿顺竖基线方向保持水平，悬重物的一端垂直向下指向地面的接触点即为第二基点。以此类推，定出第三、第四、第五……各基点。

（4）测定等高线。以各基点为起点，向左右两侧测出等高线。方法可用水平仪或自制双竿水平测等高器测定。用两根标写有高度尺码的竹竿，两竿等高处捆上 10 米长绳索，绳索中央固定一木制等边三角板，在三角板底边中点悬一重物。当两端竹竿脚等高时，则重物垂线正好对准三角板的顶点。若要求比降时，则先计算出两竿间距的高差。高差＝比降×间距。如要求比降为 0.5％，两竿间距为 10 米，则两竿高差为 0.5％×1 000 厘米＝5 厘米。如一端系在甲竿的 160 厘米处，则另一端应系在乙竿的 155 厘米处，绳索牵水平后，两点间的比降即为 0.5％。

操作时，3 人 1 组，以基点为起点，甲人将甲竿垂直立于基点，高为 A 点；乙人持乙竿垂直，同时拉直绳索在基点一侧坡地上下移动；第三人看三角板的垂直线指挥，当垂线正好位于三角板顶端时，乙竿所立处即为与 A 点等高的 A_1 点。以此类推，测出 A_2、A_3、A_4、A_5……各点，将各点连接，即为梯面的中心等高线。

全园等高线测定完成后，即可开始施工修筑梯田。

3. 土壤改良

（1）定植沟（穴）的开挖。根据设计的株、行距，按高标准建园要求，开挖深、宽各 1 米的条状栽植沟或栽植穴。为方便今后的生产管理，山地梯田定植沟（穴）的位置应挖在梯面中心线略偏外沿处，定植沟中心点至梯壁的距离约占梯面宽的 3/5～2/3 位置。

（2）混埋有机质回填。定植沟（穴）回填时，应大量混埋粗有机质，如绿肥、秸秆、山草等。可按每立方米体积压埋粗纤维含量较高的绿肥、厩肥或田间杂草 30～50 千克，酸性土壤还需加施石灰 0.5～1 千克。

混埋方法：沟底放一层草料，填一层土，撒上适量石灰后翻动一下，使土和草料尽量混匀。再填上一层草、一层土，撒上石灰，再翻动一次。如此 3～4 层填满栽植沟（穴），最后培土成高出地面 0.2～0.3 米的土墩。待沟土下沉陷实后，即可定植。填土时应注意将表土层仍填回到栽植沟的上层。

四、苗木定植

苗木定植是基础性工作，应注意质量。否则造成苗木成活率低，幼树生长不良，久久不能投产，甚至成为"小老树"，给生产带来很大损失。

（一）栽植密度和方式

1. 栽植密度 脐橙栽植采用何种密度，应根据以下因素综合分析确定。

（1）品种（品系）。短枝类型品种品系树冠结构相对紧凑，冠幅较小，栽植密度可相应高些，如朋娜、清家、赣南早等。生长势较强的品种，树冠比较高大、开张，栽植密度相应低些，如纽荷尔、林娜等。

（2）砧木。使用矮化或半矮化砧，如枳砧，栽植可密些；用乔化或半乔化砧，如枳橙，栽植应稀些。

（3）环境。平地脐橙园土壤和肥水条件较好，树体生长量较大，可稀植。山地丘陵脐橙园，由于梯台之间有高差，树行间相互影响较小，光照充足，可适当密植。

（4）栽培管理水平。栽培管理水平较高的可适当密植，而管理水平一时跟不上的则应相对稀植。

推荐栽植密度：为顺应机械化发展趋势和方便果园农事操作为目的，平地或无需修筑梯田的缓坡丘陵，采用"宽行窄株"的栽培模式，行距 5～6 米，株距 1.5～2 米，即每亩栽植55～88 株；丘陵山地梯田种植，采用"陡坡窄梯密植小树冠"栽培模式，株距 1.5～2 米，亩栽 65～70 株，不能采用梯面窄而株距宽的模式。

2. 栽植方式 果树传统的栽植方式有长方形、正方形、三角形和等高栽植等多种栽植方式。

（1）长方形。又称宽行窄株栽植。这种方式行距宽，株距相对窄，通风透光好。前期可利用行间种植绿肥，树冠长大后管理也方便。

（2）正方形。行株距相等，在树冠未封行前，通风透光也较好，管理也方便。但封行后光照不良，管理也不便。

（3）三角形。三角形栽植是各行间相互错开而呈三角形排列。未封行前可充分利用树冠间的空隙，增加叶片受光量，同时较正方形栽植可多栽 10%～15% 的植株。但缺点比正方形更为突出，生产上应尽量避免采用。

（4）等高栽植。多用于丘陵山地梯地脐橙园。

这几种栽植方式各有利弊，生产上脐橙园建立首选长方形栽植，丘陵山地梯地脐橙园则采用等高栽植。

（二）栽植前的准备与栽植时间

1. 栽植前的准备

（1）测定植点。根据确定好的栽植方式和密度，测好定植点。

（2）施足基肥。春季定植的最好在上年秋、冬季挖好定植穴；秋季定植的，栽植前 2～3 个月挖好定植穴。每穴施入人畜粪肥 10～20 千克（或饼肥 1～2 千克）、磷肥 1～2 千克、生石灰 1 千克，与土充分拌匀填入穴内，做成直径 70～80 厘米、高 20～30 厘米的定植堆。待定植基肥充分腐熟后，即可进行苗木定植。

（3）苗木准备。选择由专业苗圃生产的无病毒容器苗。种植前核对品种（系），登记挂牌，避免栽植时忙中出错。检查每株苗木，仔细解膜（嫁接时的缚膜）。如苗木经长途运输，一时又不能及时种下的，应对苗木进行一次充分灌水。

2. 栽植时间　在亚热带的柑橘产区，一年比较集中的栽植时间有春季和秋季。

（1）春季定植。一般在春植在春芽萌发前后的2～3月间进行。这时开始有雨水降落，气温逐步回升，栽植苗木容易成活，也省去了经常灌水之劳。若春芽已经萌发抽梢，则需将新梢抹除后再行移栽。

（2）秋季定植。苗木秋梢老熟后至10月底以前进行。这时气温尚高，土温适宜，只要土壤水分适宜，还能长一次新根，正所谓"十月小阳春，柑橘能长一次根"。种植后气温逐渐下降，有利于成活，也不影响翌年春梢正常生长。但时常会遇到秋旱，栽植的先决条件是要有灌溉水保障。秋植也不宜太迟，以免气温过低，根系不能充分生长，苗木恢复的时间短，叶片变黄而脱落。冬季有严寒的地区，更把握好栽植时机。

采用容器育苗的，周年均可定植，但以在春梢老熟后的5～6月和秋梢老熟后的10月底前最好。

3. 苗木定植及植后管理

（1）苗木定植。容器苗定植比较简单，首先在定植堆正中扒开一小穴，将去除容器的苗木置于中央，然后用肥土或营养土填于四周，轻轻踏实。最后覆松土，做成直径1米左右的树盘。覆盖杂草，浇足定根水。

（2）苗木定植后的管理。①浇水保湿。苗木定植后若遇连续阳光强烈、空气干燥的晴天，每周应浇水2～3次保湿。连雨天则应注意开沟排水，防止积水而引起烂根死苗。②立杆扶御。苗木定植后，立即在苗木旁立一木杆或小竹竿，并用塑料绳与苗木绑在一起，避免因风吹摇动拉伤根系而影响成活。③勤施薄肥。苗木定植成活（大约1周）后，即可开始施稀薄腐熟有机水肥，以后每隔10～15天一次。先稀后浓，但秋梢老熟后则应停止土壤施肥。④浅耕除草。每次浅施水肥前，树盘应适时浅耕除草，以保持树盘土壤疏松，通透良好。⑤注意病虫害防治。幼树一年多次抽梢，食料丰富，易遭受食叶性害虫，如凤蝶、金龟子、象鼻虫、潜叶蛾和炭疽病等病虫害为害。要加强观察和检查，及时防治。

第四章
脐橙园的管理

一、脐橙园的土壤管理

脐橙是多年生常绿果树，经济寿命长，定植后长期生长在固定的土壤环境中，而生长发育所需的水分和矿物质营养元素都是靠根系从土壤中摄取。因此，土壤条件的好坏直接关系到树体的生长发育、开花结果及产量的高低和果实品质的优劣。土层深厚、质地疏松、地下水位低、保水排水性能好、酸碱度适中、有机质含量高、矿物质元素平衡的土壤是保证脐橙生长发育良好的基础。一切土壤管理措施必须适应脐橙根系生长发育规律，围绕改善土壤理化性质、增强土壤肥力，为根系生长创造良好的根际环境来制定。

（一）根系的生长发育

根深叶茂、树大根深、根基、根本等与"根"相关的词很多，可见根系在植物生长过程中的重要性。栽培脐橙必须正确认知根系的生长发育规律，根据其特点和当地的具体条件，制定科学合理的根系养护方案，为脐橙优质、高产、稳产打下坚实基础。

1. 根系的主要功能　与其他植物一样，根系是脐橙树体的重要组成部分，在植株的生长发育过程中发挥着重要作用。它的主要功能是固定植株；从土壤中吸收水分和矿质营养；贮藏有机营养物质；分泌有机酸，使土壤中难溶于水的物质变成易溶于水的物质，便于根系吸收；将无机养分合成多种有机物，如氨基酸、蛋白质、植物激素等。因此，脐橙树体内的代谢，很多由根来决定，整个植株的生命活动与根系活动紧密相关。此外，脐橙根系还可以帮助恢复脐橙园土壤肥力，使土壤增加有机质，并在根际微生物的参与下，改善土壤团粒结构，增加土壤孔隙度，增强土壤通气性和透水性。

2. 根系的结构特点 脐橙虽然采用嫁接无性繁殖，但根系是所采用砧木由种子胚根发育而来，与扦插、压条繁殖形成的不定根系不同，具有完整的主根、侧根和须根。主根由胚根突破种皮向下垂直生长而成，是初生根。侧根是主根生长发育到一定程度后，从根内部维管柱周围的中柱鞘和内皮层细胞分化产生的根，与主根呈一定角度，沿地表方向生长，是次生根。侧根上分生二级、三级侧根，又叫小侧根，其上着生细小的须根。

须根根据所起的作用和功能又分为 4 种。向土壤深处延伸及向远处扩展部分为生长根，兼具吸收功能，一般为白色，主要功能为吸收及将吸收物质转化为有机物或运输到地上部分；输导水分和运送营养物质的输导根；由吸收根转化而来的过渡根，部分可转化为输导根，部分随生长死亡。主根和大侧根构成根系骨架，又称骨干根，主要起固定植株，运输和贮藏水分、养分等作用。骨干根一旦形成，只能分生出吸收根。树龄较大的脐橙树，若切断骨干根，则较难发生新根。小侧根表皮组织在木栓化以前分生能力较强；木栓化以后，只能分生吸收根。直径 1 厘米以下的小侧根有较强的输导能力，断根后恢复能力极强。须根着生于小侧根上，也有直接着生在骨干根上的，呈网状，有明显的主轴和比较有秩序的从属关系。

根毛由成熟区表皮细胞向外突起形成，是根系与土壤接触并吸收水分和矿质营养的主要部位。根毛的存在既增加了根系的吸收面积，又能分泌有机酸等多种物质，使土壤中一些难溶解盐类溶解，成为易于吸收的养分。但是，脐橙跟其他柑橘一样，田间栽培下根毛少而短，甚至缺乏，不足以满足营养物质吸收的需求，依赖丛枝菌根真菌来帮助吸收水分和养分。

脐橙菌根以内生菌根为主，是土壤中的丛枝菌根真菌与脐橙根系形成的共生体，植株为丛枝菌根提供发育所需碳水化合物，反过来丛枝菌根帮助植株吸收水分和养分，从而有效地促进脐橙树体生长。有菌根的脐橙根系产生大量的根外菌丝，广泛分布在土壤中，并不断分枝，从而使吸收养分的面积扩大，吸收能力提升。我国脐橙栽培土壤以红壤为主，磷易与铁铝氧化物形成难溶的磷酸铁铝化合物而被固定，难于利用，脐橙园缺磷现象普遍。若接种菌根真菌，可显著提高树体对磷肥的利用率。此外，丛枝菌根具有对土壤中不活跃的锌、钼、镁及锰等中、微量元素的吸收能力，有菌根的脐橙植株一般不易发生这些元素的缺乏症。丛枝菌根的存在也可增强脐橙对病原菌、干旱等逆境的抵御力。

3. 根系的分布特点　脐橙根系在土壤中的分布与嫁接砧木、繁殖方法、树龄等因素有关。枳砧脐橙根系较红橘砧脐橙浅；扦插繁殖的脐橙根系较嫁接繁殖和实生繁殖的脐橙浅；幼龄树根系较成年树的根系浅。脐橙根系的深浅，还与土壤结构、地下水位高低有关。土壤疏松深厚，地下水位低的根系较深；土壤板结、瘠薄，地下水位高的根系浅。

脐橙根系总体分布在树冠滴水线范围内，表土层下 10～60 厘米的土层，这个区域的根系总量占整个植株根系的 80%，尤以树冠滴水线附近的土壤中分布最为密集。脐橙根系分水平分布和垂直分布两个方向，水平分布可达树冠的 2～3 倍，垂直分布主要取决于土壤条件和砧木种类。水平根系又以表土下

30厘米为界，进一步划分为面层根和深层根，这一划分反映了脐橙根群对旱、涝、冷、热季节的适应性。春季多雨季节，表土30厘米内土层为根系活跃层；高温、秋冬旱、冷季节，根系活跃层则转移至30厘米以下的深土层。

4. 根系的生长特点 一般情况下，胚根发育的初生垂直根先长、旺长，使得脐橙植株地上部徒长，开花结果也往往推迟。当树冠达一定大小的成年树时，水平根迅速向外伸展，与垂直根系的比值达到1∶1时，有利于开花结实，至树冠最大时，根系也相应分布最广。相反，当外围枝叶开始枯衰、树冠缩小时，根系生长也减弱。且水平根先衰老，最后垂直根衰老死亡。这也是脐橙根系生长的整个生命周期。

脐橙根系与地上部分是相互依存、相互制约的关系。根系为叶片提供光合作用所必需的水分和无机养分，叶片为根系提供生长所必需的有机养分。根系发达地上部就枝叶繁茂，某部位的根系损伤或枯死，植株相应部位的生长势也减弱。同样，树体的生长和营养水平状况对根系发育也影响很大，地上部分生长良好，树体健壮，营养水平高，根系生长则良好；地上部分结果过多，或叶片受损，树势弱，有机营养积累不足，根系生长则受抑制。此时，即使加强施肥，也难以改变根系生长状况。正因如此，栽培管理措施必须充分考虑根系与地上部分的相互关系，如对结果过多的植株进行适当的疏花疏果，控制徒长枝和无用枝，减少养分消耗，同时注意保护叶片，改善叶片机能，增强树势，促进根系生长。脐橙根系与地上部分也存在相互对称的关系，如对枝干进行重修剪，相对称的根系生长必定受到影响。

脐橙根系和枝梢的生长是交替进行的，生长高峰呈现互为消长的关系，即枝梢生长时根系生长受到抑制，枝梢停止生长后新根出现生长高峰。脐橙根系在冬季基本不生长，而从春季至秋末根系生长出现周期性变化，生长曲线呈三峰曲线，即有

3 次生长高峰。春梢萌发前根系开始萌动，春梢转绿后根群生长开始活跃，夏梢发生前达到第一次生长高峰，发根量最多；在夏梢转绿、停止生长后，根系出现第二次生长高峰，发根量较少；秋梢转绿、老熟后发生第三次生长高峰，发根量较多。

脐橙根系生长存在一定的昼夜周期，夜间由于地上部转移至地下部的光合产物多，一般情况下，夜间根系生长量大于白天。在生长允许的昼夜温差范围内，提高昼夜温差，降低夜间呼吸消耗，能有效促进根系生长。适当降低夜温，促进幼苗根系健康生长对培育壮苗、早熟丰产具有重要意义。

5. 影响根系生长的因素　影响脐橙根系生长的因素很多，除品种特性和地上部生长情况外，土壤质地、土壤温度、土壤通透性、土壤含水量及土壤 pH 等根际环境均可影响根系生长。

（1）土壤质地。脐橙对土壤质地的适应性较强，多种土壤都成功栽培脐橙，且在影响脐橙经济栽培的外界条件中，唯有土壤条件是可以人为改变的，只是改土成本大小而异。但是，脐橙要生长发育良好，并获得好的产量和品质，栽培的土壤就必须具有良好的理化性质，土层厚度 1 米以上，耕作层腐殖质含量 2%～5%，疏松透气，保水保肥能力强。即使不能完全满足，相对较好的土壤条件，土壤改良的成本也会低很多。

脐橙生产实践中少有能满足上述条件的土壤。沙性土壤团粒结构差，有机质、速效养分缺乏，养分容易流失，抗旱能力弱。因此，沙性土在改良上要增施有机肥，适时追肥，并勤施薄施。黏土有机质含量相对较高，团粒结构比沙性土稍好，但质地黏重，易板结，透气性差，影响根系表面的气体交换和吸收，根系活力明显减弱，阻碍根系对养分的吸收利用。土壤黏重还容易诱发烂根，干湿交替也易导致土壤开裂、根系拉伤。对黏重土壤，在生产上要注意开沟排水，降低地下水位，以避免或减轻涝害；增施有机肥，以改善土壤结构和耕作性能，促进土壤养分的释放。

值得注意的是，有时植株出现烂根黄化，在采用病虫害药剂防治、有机肥扩穴改土、冲施植物生长调节剂和腐殖酸等方法也无明显改善时，很多时候是因为土壤黏重导致水分下渗困难，最终形成"果坑积水"，这种情况即使开有排水沟，水分也无法渗流到排水沟中。水田改种脐橙，"犁底层"没有破碎，最容易发生此类现象。"果坑积水"在山地、坡地也可能发生，且在无地表积水的情况，管理者不容易发现。解决的最好办法是改栽植穴为栽植壕沟，多填埋粗纤维含量高的杂草。

综合各种因素考虑，经济栽培脐橙最好选择壤土，其次为沙性壤土，再次为黏土。

(2) 土壤温度。土壤温度与脐橙根系的生长发育及养分吸收息息相关。土壤温度在 7.2℃ 以下时，根系失去吸收能力；12℃ 左右时，脐橙根系开始生长；19℃ 以下时，粗根伤口不易愈合和萌发新根；23～31℃ 时，根系生长和吸收达到峰值；超过 37℃ 时，根系生长活动停止；达到 40～45℃ 时，根系开始死亡。在脐橙种植生产中，要根据气候特点，采取有效的根系保护措施。低温冻害季节，可采取灌水、覆盖等方式提高土温，避免根系遭受冻害；高温干旱季节，可采取树盘覆盖或培土等降温措施，保持土壤含水量和根系活力，促进水分和养分的吸收。

(3) 土壤通透性。土壤通透性是土壤空气与大气进行交换的能力，是土壤内部气体扩散的特性。土壤通气性的好坏，决定了土壤含氧量的高低，也直接影响土壤肥力的有效利用，进而影响脐橙的生长发育。

通常土壤含氧量不低于 15% 时根系生长正常，与大气含氧量相近时生长最适；不低于 12% 时新根才能正常发生；低于 7%～10% 时根系生长明显受影响；3%～4% 时能维持根系生长；2% 以下时根系生长逐渐停止；低于 1.5% 时根系出现死亡。通透性不良的土壤，往往土壤中二氧化碳含量过高，导致根系生长停止。甚至可能因为有毒物质积累过多，导致根系大量死亡。

此外，土壤通透性与脐橙须根的发生量及根系的再生能力息息相关。通透性良好的土壤，孔隙度越大，须根发生就越多，受伤后再生力也最强。因此，在脐橙生产实践中，为满足脐橙生长发育的需求，就必须不断改善土壤的通气条件。

（4）土壤含水量。土壤中的营养物质和矿质养分必须溶于水才能被根系吸收，水、肥的吸收是一体的。通常脐橙根系生长适宜的土壤含水量为田间最大持水量的 60%～80%，土壤绝对含水量的 17%～18%。简单判断田间土壤最适持水量的方法是，单手用力抓能成团，松开落地能散开。田间持水量过高或过低都不利于根系生长，田间持水量小于 60%时，土壤中的矿物养分难以溶解，根系吸收利用困难，生长受阻，须根衰老加速，地上部分也往往表现出严重的缺肥症状。田间持水量大于80%时，易造成根系缺氧，呼吸受到抑制，也容易产生硫化氢等有毒物质，导致根系腐烂。适宜脐橙生长的土壤要求具有良好的排蓄水功能，能维持正常的水分供给和调节能力。

（5）土壤 pH。土壤酸碱度通过影响土壤养分的有效性，进而影响脐橙对养分的吸收。脐橙在 pH 4.0～8.0 范围内均可生长，但适合微酸性环境，适宜土壤 pH 为 5.5～7.0，最适 pH 为 6.0～6.5。在过酸的土壤中，不仅有机质含量低，氮、磷、钾、钙、镁等含量亦较低，磷、钾等的有效性也较差，此时补充再多的养分也无济于事，只能造成土壤盐渍化的加剧。另外，pH 过低，也易因铝、锰、铜、镍等元素的溶解度过大而造成毒害的发生。pH 过高也不利于脐橙生长发育，易因镁、铁、锌、硼、铜、磷等溶解度的降低而产生缺镁、缺铁等缺素症状。生产实践中很少有 pH 刚好适宜的土壤，酸性土壤区 pH 大都偏低，有的甚至在 4.0 以下，碱性土壤区则 pH 偏高。因此，很多时候需要对土壤 pH 进行调整，过酸可施用石灰等碱性物质中和土壤酸性，过碱则可施入硫黄粉等酸化处理。

（二）脐橙园主要土壤类型

我国脐橙主产区主要分布在红壤、黄壤和紫色土区域，近年来随着脐橙价格的上涨，很多地方利用水稻土种植脐橙。

1. 红、黄壤 红壤与黄壤的形成及性质相近，常与砖红壤、赤红壤、燥红壤统称红壤或红黄壤，广泛分布于我国长江以南的丘陵山区，"酸、瘦、黏、板、旱、蚀"是其主要特点。红黄壤的交换性铝含量较高，一般呈酸性反应，pH 在 4.0～6.0 之间，有的甚至在 4.0 以下。受强酸及高温多雨的风化淋溶作用影响，有机质分解快、含量低（一般在 1％以下），钾、镁、钙、锌、硼等矿质营养易流失，磷也易与铁铝氧化物形成难溶的磷酸铁铝化合物，根系利用困难，造成土质瘦瘠，易发生缺素或营养元素失衡症状。由于土壤风化完全、土粒细而黏重，土壤的团粒结构差，保水保肥性差，抗冲刷力弱。干旱时水分易蒸发散失，土壤坚实成块；水分过多时，易成糊状。有"旱时一块板，雨时一包汤"的说法。黄壤活性铝的含量比红壤更高，酸性比红壤更强，pH 一般为 4.0～5.5。

2. 紫色土 主要由紫色页岩和紫色砂岩风化而成，从颜色到理化性状都受到母质性状的强烈影响，是一种幼年土壤。主要分布在四川盆地和三峡库区，湖南、湖北、广西、江西等地也有零星分布。紫色土的土层较薄，一般在 70 厘米以内，水土流失严重，常见母质裸露。紫色土的碳酸钙含量较高，呈中性至弱碱性，pH 7.0～8.5。通透性比较好，保水保肥能力差。有机质含量 1％左右，含氮低，磷、钾含量稍高，易发生缺素症。土壤中的二价态活性铁离子易被氧化成固定态三价铁，根系难以吸收，导致枳砧或枳橙砧脐橙表现黄化、花叶等缺铁症状，同时伴随缺锌等其他矿质元素缺乏症。质地为中壤—重壤，少数为黏土。

3. 水稻土 与其他果园土壤相比，水稻土具有有机质和矿质养分含量较高的优点。除成土母质外，受淹水影响，一般酸性水稻土和碱性水稻土的 pH 也均有向中性变化的趋势。但水稻土的缺点也很突出，排水性能差，长期处于淹水缺氧状态，空气含量较低；土壤耕作层较薄，通常只有 30 厘米左右，犁底层及以下土壤质地黏重、板结；往往缺钾和缺磷，南方红壤区水稻土中镁和钙的含量也不高。因此，在水稻土中种植脐橙，要保持排水通畅，深翻打破犁底层，起垄栽培。

（三）脐橙园土壤管理

土壤是脐橙生长发育的基础，要实现脐橙的高产、稳产，并获得优质的果品，就必须采取必要的技术措施加强土壤管理，改善土壤理化性质和肥力状况，达到疏松透气、有机质含量高、保水保肥能力强，促进根系的扩展和对水分、养分的吸收。

1. 深翻熟化土壤 深翻熟化土壤是培肥脐橙园土壤的主要内容之一，也是增产措施的中心环节。包括脐橙园建立时的深翻改土，以及随着根系的伸展、树冠的扩大、产量的增加，为维持和增进地力、保持树体健壮生长而采取的扩穴深翻改土。

（1）建园深翻改土。建园深翻改土的方法有多种，为减少以后操作上的麻烦，以壕沟式改土为多。具有改土范围大、不易积水等优点，但改土成本相对较大。

具体做法是：开挖深、宽各 1.0 米的栽植壕沟（为减少翻扩穴带来的不便，宽度可以更宽），然后按照每立方米 30～50 千克的标准，用杂草、作物秸秆、绿肥等回填壕沟。红黄壤等酸性土壤可加入石灰、钙镁磷肥等碱性改土材料，紫色土等碱性土壤可加入硫黄粉、石膏、脱硫石膏等酸性改土材料，调节土壤酸碱度。

操作时先在沟底放一层草，撒上适量石灰，填一层土，翻动一下，尽可能使土与草混匀。如此分3～4层填满栽植沟，并作成高出土面30厘米左右的畦。壕沟回填时，先填表土，后填心土，最肥的土壤尽量填在根系集中分布的10～60厘米处。

（2）挖穴改土。脐橙园建立时的深翻熟化土壤，不可能一劳永逸，还应按照脐橙树体的生长发育规律，树冠的扩大、根系的伸展，有目的、有计划的逐年进行扩穴深翻改土，促进了脐橙园土壤的改良、脐橙产量的提高和果品品质的提升。

为避免根系损伤，扩穴深翻改土宜在根系生长高峰前进行为好，尤以9～10月第三次根系生长高峰来临前最佳。此时，地上部分生长缓慢，养分开始积累，深翻后正值根系大量生长，伤口容易愈合，发生大量新根，显著增加树体对养分的吸收能力，促进树体的生长发育。生长势较旺的树，可结合晾根控水，控制晚秋梢抽发；提高细胞液浓度，促进花芽分化。夏季多雨地区，未结果幼龄脐橙园，春梢老熟后也可进行。

扩穴深翻改土的方法与建园时壕沟式深翻改土一样，在树冠一侧或两侧，沿定植壕沟的外缘向外，开挖宽50～60厘米、深40～60厘米的壕沟，分2～3层压埋杂草、作物秸秆、绿肥、腐熟禽畜粪肥等，如此数年将全园土壤深翻一遍。

值得注意的是，每次扩穴要与上一次深翻位置衔接，不能留有"隔墙"。为达改善土壤理化性质、增强土壤肥力的效果，必须压埋一定量的有机质；扩穴改土时，伤断的粗根要及时剪平伤口，并涂抹多菌灵等杀菌剂防范根系腐烂。

2. 土壤 pH 的调整 土壤 pH 的调整必须根据土壤类型和酸碱程度进行。我国脐橙生产区土壤以偏酸性的红黄壤和偏碱性的紫色土为主，因此土壤降酸和酸化土壤分别为两类土壤pH调整的主要目标。

（1）红黄壤酸性土 pH 的调整。土壤偏酸性是红黄壤的主要特征之一，硫酸钾、复合肥等酸性肥料的长期施用也导致土壤酸性的加剧。因此，土壤 pH 的提高是红黄壤土壤管理中一项重要的工作。在酸性土壤中种植脐橙可使用耐酸的砧木品种或化学改良土壤。土壤化学改良主要是施用石灰或石灰石粉，也可施用钙镁磷肥、氧化镁、白云石粉等碱性肥料。石灰的用量应根据土壤酸度和石灰种类而定，熟石灰的碱性平缓，用量可多些；生石灰碱性较重，用量可少些。若每年施用一次，土壤 pH<4.5 时，施用石灰 1.5 千克/株；pH 4.5～5.0 时，施用 1.0～1.5 千克/株；pH 5.0～5.5 时，施用 0.5～1.0 千克/株；pH 升至 5.5 时停止施用石灰。若施用石灰石粉，用量为石灰的 1.5～2.0 倍。

（2）紫色碱性土 pH 的调整。脐橙栽培中使用量最大的枳或枳橙砧的耐碱性较弱，pH 大于 7.2，碳酸钙含量高于 3%的土壤中就需进行酸化处理。红橘和资阳香橙的耐碱性较强，在 pH 7.8 左右的碱性土中仍能生长。脐橙的栽培中除了使用耐碱的砧木品种外，常用的方法就是对土壤进行酸化处理，可用的降酸土壤改良剂有硫黄粉、石膏和脱硫石膏等。施用时结合改土进行，将硫黄粉、石膏、脱硫石膏等与挖出的土壤充分混匀后回填，灌足水分。

3. 间作、生草、覆盖　间作、生草、覆盖是 3 种简单、实用、经济的传统土壤管理方法，对于改善果园生态环境和局部气候、减少水土流失、提升土壤肥力、提高果实产量品质等方面具有重要作用。

（1）间作。幼龄脐橙园树体较小，根系分布范围较窄，行间比较宽，可以间种植浅根、矮秆、非缠绕，且与脐橙没有或基本没有共生性病虫害的豆科绿肥或其他经济作物，这是脐橙园土壤管理的一项重要措施。间作绿肥可以有效控制杂草生长，雨季可减少或防止土壤冲刷和流失，夏季通过绿肥覆盖地面可降低土温、增加湿度。间作物的茎、叶、秆、根腐烂后可有效增加土壤有机质含量，提高肥力，是一项经济有效的以园养园的方法。需要注意的是，间作物必须种植在树冠滴水线以外，随着树冠扩大，逐年缩小间作范围。适宜间作的作物和绿肥种类有花生、大豆、绿豆、印度豇豆、猪屎豆、肥田萝卜、紫云英、蚕豆、烟草等，甘蔗、高粱、玉米、甘薯等高秆类、藤蔓攀缘类和大量消耗地力类作物不宜间作。

（2）生草。脐橙园生草是一种在果园内选留良性杂草或种植草本植物，覆盖果园地表的土壤管理方法，对改善果园生态环境、增加物种多样性、保持水土、缓冲果园温度和湿度变化、增加土壤有机质含量和提高土壤肥力等具有重要作用。种植牧草也可为牛、羊、猪、兔、鸭、鹅等食草类畜禽提供优质饲料，达到以短养长的目的。

脐橙园可自然生草，也可以人工种草。自然生草是在清除果园内深根、高干和恶性杂草的情况下，选留自然生长的浅根、矮生，且与脐橙无共生性病虫害的良性杂草，如藿香蓟、蒲公英、狗尾草等。选留草种要自然适应能力强，无需管理或只需简单管理。

人工种草即是在彻底清除田间杂草后，树盘外的行间人工种植适应性强、生草量大、矮秆、浅根、有利于害虫天敌滋生繁殖的草种。选择的草种不能是高秆、藤本及宿根性恶性杂草，如狗牙根、茅草、香附子等。草种的旺盛生长期不与脐橙同步，理想的是 10 月份发芽，来年 5 月份停止生长，6 月下旬自然枯死而成为覆草。根据不同季节可选择百喜草、多花黑麦草、紫花苜蓿、三叶草、红花草、肥田萝卜等。

生草栽培并非选留或种下后就放任不管，需要加强对草的管理。为避免与脐橙树体争水争肥，生草需在树冠滴水线处

30厘米以外区域进行；草的高度不宜超过35厘米，以免影响树体中、下部的光照；生草初期需加强管护，要清除恶性杂草，必要时适当补充氮肥和磷钾肥，达到以小肥促大肥的效果。早春为提高土温，促进脐橙根系活动和发芽，应控制草的生长；雨季尽量让草生长，以减少水土流失；伏旱季节应及时刈割，并进行地面覆盖，减少水分蒸发和降低土壤温度；果实成熟前铲草或药剂杀草，增强地面漫射光，降低空气和土壤湿度，改善果实品质；10月中下旬，结合施基肥和深翻扩穴，将果园覆盖或临时收割的草埋入穴中，增加土壤有机质含量。

（3）覆盖。土壤覆盖是脐橙生产中一项常见而简单有效的传统栽培技术。可局部控制土壤温、湿度，保持表土疏松透气，减少地表径流和抑制杂草生长，也有利于土壤微生物活动和增加土壤有机质。能明显改善脐橙生长所处的生态环境，较好地促进脐橙枝梢、果实和根系生长。试验表明，通过土壤覆盖夏季可降低地表温度6～15℃，冬季可提高土温1～3℃，土壤湿度较未覆盖土壤可提高6%～8%，单果重可增加18%～36%，干旱期土壤覆盖果径可增大10%左右。

土壤覆盖按覆盖范围的不同，分为全园覆盖和树盘覆盖。受覆盖材料和劳动力限制等因素，脐橙生产中采用树盘覆盖的较多。全园覆盖除了树干周围10～20厘米以外，其他地面全部覆盖；树盘覆盖只对树干外10厘米至滴水线外30厘米的范围进行覆盖。

根据季节的不同分为常年覆盖、全生长季覆盖和季节性覆盖，以刚定植和高温伏旱期保墒、抗旱、降温为主的夏季覆盖最为常见，其次为冬季防寒覆盖，早春为尽早提高土温一般不覆盖。全年或冬季覆盖以12月前进行为好；全生长季覆盖以日平均气温稳定通过12.5℃开始为好；以防御伏旱的夏季覆盖，在伏旱开始前的最后一场大雨过后覆盖；夏末秋初覆盖可减少伏旱后秋雨导致的裂果、落果现象；秋季覆盖，尤其是覆盖反光能力强的材料，能促进果实增大、着色和成熟，也有利于减酸、增糖，改善果实的口感和品质。

树盘覆盖可使用杂草、作物秸秆、绿肥等覆盖，也可使用地膜或无纺布覆盖。杂草、作物秸秆、绿肥等覆盖前先进行中耕松土，覆盖厚度 10 厘米以上，与根颈部位保持 10~15 厘米的间隙，防止因杂草腐烂发热灼伤主干。结合土壤深翻，于 9~11 月可将覆盖材料埋入土中，以改善土壤理化性质，增加有机质含量。

采用地膜覆盖时，因地膜透光性、反光性、导热性及密封程度的不同，对脐橙的生长和生理调节效果也不同。冬春季宜选透射率大、增温效果好的无色（白色）膜，达到保温保墒的效果。盛夏覆盖选用透射率小、反光率大的银灰色膜，起到调节土壤湿度的目的。脐橙地膜覆盖的范围应比树冠垂直投影的面略宽或大，实际生产中，地膜直径一般比树冠直径大 10 厘米左右，且在地膜中心剪一个比树干基部略大的圆孔，盖好地膜后，用土将地膜边缘及剪口压实。地膜覆盖也可与控水结合进行，将塑料薄膜覆盖行间和株间，避免雨水渗入果园土壤，既利于控水和花芽分化，也可增加枝、叶、果的光照，增强光合能力，提高果实糖度。

4. 脐橙园的中耕松土　脐橙园通过中耕，切断土壤毛细管，减少土壤水分蒸发损失。疏松的表土层能更多地接纳降雨向土壤深层渗透，增加土壤含水量，防旱抗灾。中耕还可以改善土壤通气状况，促进土壤微生物活动，加速土壤营养物质的分解转化，提高土壤有效养分含量，有利于根系生长发育。

在赣南脐橙产区全年有两个主要时期，一是 6 月中、下旬雨季结束前的浅耕，再行地面覆盖，可以保墒抗旱；二是果实采收后结合冬季清园而进行全园中耕，不仅能够疏松土壤，还能清除病虫的越冬场所，减少越冬基数。中耕的深度一般以

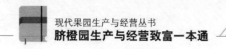
10~15厘米为宜，愈近树冠中耕愈浅，避免导致长势削弱，影响产量。

二、脐橙园的肥料管理

脐橙在整个生命过程中需要吸收各种营养元素，如果缺乏某种必须营养元素就会影响树体生长发育，产生相应的缺素症状，影响树形树势，甚至果实的产量和品质。因此，要想实现高产、稳产，获得好的果实品质和良好的经济效益，就必须掌握脐橙需肥规律和科学的施肥方法，以最低的肥料投入，获得最大的经济收入。

（一）脐橙必需的营养元素

与包括柑橘在内的其他植物一样，长期以来认为，脐橙生长所必需的营养元素有16种，其中大量元素9种，分别为碳（C）、氢（H）、氧（O）、氮（N）、磷（P）、钾（K）、钙（Ca）、镁（Mg）、硫（S）；微量元素7种，分别为铁（Fe）、锰（Mn）、硼（B）、锌（Zn）、铜（Cu）、钼（Mo）、氯（Cl）。最新的植物生理学新增3种已被证实的必需营养元素，分别为大量元素硅（Si），微量元素钠（Na）和镍（Ni）。在所有营养元素中，碳、氢、氧易从空气和水分中获得，因此生产实践中常说的脐橙必需营养元素指的是主要由根系从土壤中吸收的其他13种或16种（最新说法）必需营养元素，即植物生理学中常说的必需矿质养分。这些营养元素在脐橙生理上各有其特殊功能，具有不可替代性。

1. 氮 氮是构成生命物质的重要元素，是氨基酸、蛋白质、核酸、酶、叶绿体等的主要成分，在脐橙生长发育中需求量最多，影响也最大。脐橙以硝态、铵态及酰胺态（如尿素）形式吸收氮素，施用得当，可实现脐橙的丰产、优质。常用的氮肥有尿素、碳酸氢铵、硫酸铵、硝酸铵等，易挥发、流失和反硝化脱氮，因而生产上施用氮肥时要掌握科学的方法，避免成堆、成团、成块施用，可适当挖沟（穴）浅施，或者溶于腐熟人畜稀粪尿或清水后浇施。若为省工、省时而撒施氮肥，也要求土壤疏松、无草、无结皮，在小雨前或大雨后在树冠滴水线附近撒施。

2. 磷 磷是核酸、酶类、卵磷脂等物质的主要成分，是呼吸代谢中的能量转换物质，在促进花芽分化和提高品质方面具有重要作用。主要的磷肥有钙镁磷肥、过磷酸钙和磷矿粉，容易在土壤中被固定，难于移动，因此利用率低，利用速率慢。磷肥施用时要掌握合适的方法，一是适度深施，将磷肥施于根系密集土层中，既利于磷肥的吸收利用，又可降低或避免土壤固定和地面径流流失；二是与作物秸秆、杂草、绿肥、腐熟人畜粪尿等有机肥混合施用，减少土壤固定的同时，在有机肥和微生物作用下，提高磷肥利用率；三是结合肥料及土壤酸碱度施用，钙镁磷肥宜施在红壤、黄壤等酸性土壤中，过磷酸钙可施于中性或石灰性缺磷土壤中，磷矿粉在有效磷含量低和酸性土壤中施用效果较好。

3. 钾 钾虽不是有机体的组成物质，但参与物质转运、调节水分代谢，是多种酶的活化剂，对碳水化合物、蛋白质、核酸等的代谢过程、生长和逆境适应性等方面起重要作用。钾以离子状态存在于土壤中，具有高度移动性，利用率较高。适量施钾，可增强光合作用，充实枝梢，强壮树势，显著改善果实内质和外观，增大单果重量，提升果实耐贮及植株的抗旱、抗寒和抗病能力。常用钾肥有硫酸钾、氯化钾。因钾肥易被土壤固定，应适度深施；脐橙是半忌氯植物，对氯敏感，在生产上要注意氯化钾的施用次数和施用量，尤其是幼龄脐橙植株。

4. 钙 钙是细胞壁的重要成分，具有激活磷酸酶的作用。钙不易吸收，且吸收后移动性较差，加上果实蒸腾作用远小于叶片，常常会发生低蒸腾果实中的钙倒流向树体的现象，导致幼果和嫩叶缺钙。脐橙可通过根系、叶片和果实吸收钙素，对应的常用施肥方法有根系施肥和叶面喷施。常用的钙肥有石灰性钙肥（生石灰、熟石灰等）、石膏、硝酸钙、过磷酸钙、钙镁磷肥等无机钙肥和氨基酸钙、黄腐酸钙等有机钙肥。石灰性钙肥、石膏、过磷酸钙、钙镁磷肥等常同基肥混合施入，硝酸钙、氨基酸钙、黄腐酸钙等可采用叶面施肥方式施用。在肥料种类的选择上，要充分考虑酸碱性问题，避免土壤酸性或碱性的加重及影响肥效的发挥。

5. 镁　镁是叶绿素的重要组成成分，部分酶的激活物质。常用的镁肥有硝酸镁、硫酸镁等化学镁肥和氧化镁、氢氧化镁、钙镁磷肥、白云石粉等矿物镁肥。硝酸镁、硫酸镁等化学镁肥在土壤中较易移动，可浅施或撒施（地表疏松），也可采用叶面施肥方式，但硝酸镁效果较好，也不易导致叶面伤害。氧化镁、氢氧化镁、钙镁磷肥、白云石粉等矿物镁肥在土壤中的移动速率较慢，可适度深施或撒施后翻耕，通常与基肥一同混合施入。

6. 硫　硫是构成多种氨基酸的成分，是形成蛋白质的必需元素。常用的硫肥有硫黄粉、过磷酸钙、石膏粉及硫酸钾、硫酸铵等。土壤中一般不缺少硫，可隔几年将硫黄粉、过磷酸钙、石膏粉等随基肥施入，同时改良土壤 pH（紫色土等碱性土壤）。需要注意的是硫黄粉、过磷酸钙、石膏粉呈酸性，在酸性土壤中施用会进一步酸化土壤。当发现有缺硫现象时，也可将硫酸钾、硫酸铵进行叶面喷施。

7. 铁、锰、硼、锌、铜、钼、氯等微量元素　在脐橙生长发育过程中，这些微量元素虽然需求量较少，但却是必不可少的。铁是最早被发现的植物必需微量营养元素，位居必需微量元素的首位，它对于叶绿素的合成和促进许多酶的活性必不可少，在促进光合作用、呼吸作用、物质和能量代谢方面起着重要作用。锰对维持叶绿体结构是必需的，叶绿体含有较多的锰，直接参与光合作用的光反应过程，也是多种酶的活化剂。硼参与植株体内碳水化合物的运输，促进花粉发育和花粉管伸长，有利于受精结实，减少生理落果。锌与枝叶中的生长素有关，缺锌时会破坏生长素，使枝叶和果实停止生长。铜是树体内多种氧化酶的成分，参与呼吸作用。钼参与体内硝酸还原过程。氯与树体内淀粉、纤维素、木质素等物质的合成有密切关系，在光合作用过程中，氯离子作为激活剂，保证碳水化合物的合成，同时氯还有促进果实成熟的作用。但是脐橙是半忌氯植物，用量过大或土壤氯离子含量过高，易造成氯害，影响树体正常生长，甚至降低品质。微量元素缺素症在生产中均有发生，但以铁、锌、硼、镁缺素症更常见。

（二）脐橙园施肥量的确定

受果农系统专业知识普及和我国脐橙园经营管理模式等因素影响，长期以来大多数果农都是凭经验施肥，盲目性、随意性较大，造成肥料浪费和面源污染，有的甚至因为施肥不及时或施肥不当造成肥害而带来巨大的经济损失。因此，要实现肥料的经济、安全、高效施用，就必须坚持科学的施肥原则和掌握合理的施用量。现阶段推行和生产中广泛接受的有叶片营养诊断、土壤营养诊断施肥（测土配方施肥）、根据缺素症状施肥和以产定量施肥。

1. 叶片营养诊断施肥 大量研究表明，包括脐橙在内的柑橘树体营养状况可以通过叶片的营养水平反映出来。叶片营养诊断施肥就是通过科学采集大量叶片进行营养成分的含量分析（包括大量元素和微量元素），进而了解树体各种营养元素的丰缺状况，然后与叶片营养状况判断标准进行对比分析，做出科学、经济的施肥方案。美国、以色列、巴西、南非等国家就柑橘叶片营养诊断技术开展了系统研究，美国提出的脐橙叶片营养诊断标准（表 4-1）在世界脐橙生产中已被广泛采纳，对脐橙的精准、高效施肥起到了重要作用。

叶片营养诊断施肥在我国脐橙生产实践中尚未得到广泛应用，一是由于检测叶片营养成分和含量的设备购置和维护费用高；二是因为叶片营养成分含量的测定与分析需要一定的专业知识背景和操作技能。现阶段，叶片营养诊断设备和技术主要为高等院校和科研院所掌握，企业和果农要进行叶片营养诊断则需要付出相应的检测和分析费用。这些因素限制了叶片营养诊断技术在脐橙生产实践中的大面积推广。

表 4-1　脐橙叶片营养诊断指标

元素	符号	单位	正常值	高	低
氮	N	%	2.4～2.6	2.7～2.8	2.2～2.3
磷	P	%	0.12～0.16	0.17～0.29	0.09～0.11
钾	K	%	0.7～1.09	1.1～2.0	0.40～0.69
钙	Ca	%	3.0～5.5	5.6～6.9	1.6～2.9
镁	Mg	%	0.26～0.6	0.7～1.1	0.16～0.25
硫	S	%	0.2～0.3	0.4～0.5	0.14～0.19
铁	Fe	10^{-6}	60～120	130～200	36～59
锌	Zn	10^{-6}	25～100	110～200	16～24
硼	B	10^{-6}	31～100	101～260	21～30
铜	Cu	10^{-6}	5～16	17～22	3.6～4.9
锰	Mn	10^{-6}	25～200	300～500	16～24
钼	Mo	10^{-6}	0.1～3.0	4～100	0.06～0.09

2. 土壤营养诊断施肥　土壤营养分析是最早用于树体营养诊断的化学分析方法。与叶片营养分析直接反应树体营养丰缺状况不同，土壤营养分析反应的是土壤中各种营养元素的丰缺状况。土壤营养诊断施肥就是通过测定和分析土壤中各种营

养元素的成分和含量，再与土壤中各种养分适宜含量参考值（表 4-2，美国提出的柑橘园土壤中各种养分适宜值的参考指标）进行对比分析，进而为科学合理施肥提供依据。

受土壤中不同营养元素的可移动性、有效性及不同砧木的吸收特性影响，土壤营养元素含量的分析值，不能代表树体对各种营养物质的吸收利用水平。土壤营养分析适合于果园土壤潜力的分析、短期作物的营养诊断及移动能力较差的磷、钙、镁营养元素背景值的分析。在生产实践中，土壤营养诊断常作为叶片营养诊断的补充，共同为平衡施肥方案的制订提供参考。跟叶片营养诊断一样，受到仪器设备和检测分析技术的制约，加上不同土壤（甚至同一果园的不同区域土壤）的营养元素丰缺程度差别较大，土壤营养诊断施肥在脐橙生产中的大面积推广应用受到限制。

表 4-2　柑橘园土壤营养诊断指标

养分	适宜标准	养分	适宜标准
有机质（％）	1.5～3.0	有效铁（毫克/千克）	20～100
全氮（％）	0.1～0.15	有效锌（毫克/千克）	2～8
速效氮（毫克/千克）	100～200	代换性锰（毫克/千克）	3～7
有效磷（毫克/千克）	10～40	易还原性锰（毫克/千克）	100～200
速效钾（毫克/千克）	100～300	有效铜（毫克/千克）	2～6
代换性钙（毫克/千克）	500～2 000	有效硼（毫克/千克）	0.5～1.0
代换性镁（毫克/千克）	80～125	有效钼（毫克/千克）	0.15～0.30

3. 根据缺素症状施肥　根据树体缺素症状施肥是现阶段脐橙生产中广泛采用的施肥方式，也是最直接、最简单和最方便的方法。但是该方法需要果农具有丰富的栽培管理和症状识别经验，短期内往往难以掌握。另外，该方法也不能准确判断树体的缺素状况，只能是大概判断，易造成矫正不及时或错误矫正带来的经济损失及肥料浪费等问题。

4. 以产定量施肥 即根据脐橙历年平均产量或当年预计产量，合理估算氮、磷、钾肥的施用量。果实采收带走多少养分，就补充多少肥料。该方法简单、易操作和掌握，在叶片营养诊断和土壤营养诊断施肥还不能实用化的情况下，可相对合理估算肥料施用量，降低生产成本，减轻因肥料浪费对环境造成的面源污染。

（三）施肥时期与方法

1. 施肥时期

（1）幼龄树。施肥目的是促进根系延伸，枝干骨架的形成加粗和树冠的迅速扩大。在肥料管理上以促发健壮的枝梢为目的，相应的枝梢生长期，即3～4月、5～6月、7～8月为脐橙幼树施肥的重点时期，一次梢两次肥。即萌芽前土壤追施一次速效肥，促梢；叶片转绿时结合病虫防治进行1～2次叶面施肥，壮梢。为避免晚秋梢抽生，徒劳消耗养分，8月底后停止土壤施肥。幼树根系分布范围窄、浅，应坚持"少量多次，勤施薄肥"。

（2）初结果树。应以促发足够数量健壮的春梢、秋梢为目的，肥料管理上以7～8月的秋梢壮果肥为重点，巧施春肥。合理施用氮素营养，适当增加磷、钾等元素比重。

（3）成年结果树。为调节根、梢、花、果之间的关系，维持营养生长与生殖生长平衡，防止树势衰退，施肥重点在花前萌芽肥、壮果促梢（秋梢）肥和采果肥（冬季基肥），补好稳果肥。

花前萌芽肥：一般在2月底至3月初的春梢萌发前进行，以高氮比例的氮磷复合肥为宜，配合施用腐熟有机肥，有利于促发整齐、健壮春梢，增加有叶花枝，为花器发育提供充足养分和开花坐果储备营养。

稳果肥：在第一次生理落果（赣南5月中旬左右）结束后

进行，以补充开花养分消耗，保障果实发育。这次肥可只对长势差的植株施用，不需全园进行。结合病虫防治全园喷施 2～3 次根外追肥，肥料选择上可用 0.2%～0.3%尿素＋0.2%～0.3%磷酸二氢钾，但要控制氮肥施用量，以免大量抽生夏梢而加重生理落果。

壮果促梢肥：在第二次生理落果（赣南 6 月中下旬）结束后进行，以提高秋梢质量和促进果实膨大。以速效氮肥为主，适当配合有机肥。

采果肥：秋梢停止生长至采果前后施用，以有机肥为主，配合施用适量速效肥料，但采前 1 个月内不宜施用速效氮肥，以免影响果实品质。采果肥是脐橙越冬和花芽分化之前的最后一次施肥，对恢复树势、提高抗寒能力、促进花芽分化、克服大小年结果，以及促发新根、提高根系的吸收代谢能力等方面具有重要作用。

2. 施肥方法 根据肥料吸收部位的不同，施肥方法可分为根际施肥和叶面追肥。但是脐橙树体的大部分养分是靠根系吸收的，在任何情况下都应坚持"根际施肥为主，叶面追肥为辅"的原则，切勿本末倒置。

（1）根际施肥。又称土壤施肥或根部施肥，是将有机或无机肥料直接施入根际土壤中的一种施肥方法。应用时要考虑根系的生长分布和土壤条件等因素，一般将肥料施于根系分布密集区，即树冠滴水线附近，以便根系对肥料的充分吸收利用和最大肥效的发挥。为引导根系向深处土层和向外扩展，不断扩大根系分布范围，也可利用脐橙根系的向肥性，将施肥位置纵向或横向对外扩展。施肥要因时、因树、因肥制宜，坚持根浅浅施、根深深施；春夏浅施，秋冬深施；无机氮浅施，磷钾肥、有机肥深施。秋冬施肥应结合深翻扩穴改土，压埋绿肥；磷肥移动性较差，易被土壤固定，应集中施于根际附近，且与腐熟有机肥混合深施效果较好。根际施肥常用的方法有环状沟施肥法、放射状沟施肥法、条状沟施肥法、穴状沟施肥法、全园施肥法等。

①环状沟施肥法。沿树冠滴水线附近，开挖一条深20～30厘米、宽30厘米的环状施肥沟，将肥料与土充分拌匀后施入，然后覆土。该法具有省肥、操作简便、能引导根系向外扩展的优点。

②放射状沟施法。以树干为中心，在离树干30～45厘米处，向外挖4～6条放射状施肥沟，沟宽30厘米左右，沟深20～45厘米，内浅外深。隔年或隔次变更施肥位置，既可避免新根损伤，还可全面疏松土壤，肥料利用率较高。

③条状沟施肥法。在行间或株间开挖深、宽各30厘米的条状沟，施肥后覆土。可分年在株行间轮换开沟，随着树冠的扩大向外扩展。

④穴状沟施肥法。沿树冠滴水线均匀挖4～8个深20～30厘米、宽30厘米的施肥穴，施肥后覆土填平或回填2/3。该法简单，伤根少，但施肥面积小，适用于液体肥料的施用。

⑤全园施肥法。将肥料均匀撒施全园，再浅耕松土。该方法较简单，适用于根系布满全园的成年脐橙果园，但施肥量大，施肥较浅，易引起根系上浮，应与其他方法交替使用。

⑥灌溉施肥。又叫液态施肥，是一种将适宜浓度肥料随灌溉水一起施入土壤中的方法，也属于根际施肥的范围。该施肥方常通过树下微喷灌、滴灌、渗灌等灌溉设施将肥料施入土壤中，具有施肥效率和肥料利用率高、分布均匀、不伤根、节约劳动力等优点，是现阶段脐橙生产中推广应用的施肥方法，也是今后土壤追肥的发展方向。

（2）叶面施肥。即通过叶面气孔、皮孔的渗透作用，将溶于水的养分直接吸收利用，是一种快速补充树体养分的方法，脐橙果实的表皮也具有一定的营养吸收能力。叶面施肥养分吸收快，肥料喷布15分钟至2小时就可吸收利用；避免某些营养元素施入土壤后被固定或流失；不受树体营养中心如顶端优势的影响，就近分配利用；简单易行，可与病虫害防治药剂结合进行。叶面施肥虽然简便、快捷、见效快，但是肥料供应量少、种类不齐全、肥效持续时间短，不能替代正常的土壤施肥，只能作为土壤施肥的必要补充。

叶面施肥在脐橙萌芽、开花、坐果、新梢生长、果实发育等不同时期均可进行，施用的时期不同，选用肥料种类和作用也不相同。花期叶面追施硼酸（硼砂）、过磷酸钙和尿素等，可提高花的质量和促进坐果；谢花后，结合保花保果剂的施用，叶面施用尿素、磷酸二氢钾等，可减少果实脱落，提高产量；果实膨大期叶面追施硝酸钾、硫酸钾、腐殖酸钙、氨基酸钙等，可促进果实生长、减少裂果；果实着色期喷布磷酸钙可促进着色；秋季喷施磷酸二氢钾、硝酸钙、过磷酸钙等，利于提高果实品质和贮藏性，也可促进花芽分化。幼龄树可在各次梢叶片转色期追施尿素和磷酸二氢钾 $1\sim2$ 次，利于枝梢生长健壮和老熟。叶面施肥在防治缺素症方面也具有独特效果，特别是硼、镁、锌、铜、锰等元素的叶面喷肥效果最好。

叶面追肥可选用的肥料类型有多种。氮肥主要有尿素、硫酸铵和硝酸铵等，以尿素最好。磷肥有磷铵（含磷酸二氢铵和磷酸氢铵的混合物）、过磷酸钙、磷酸二氢钾、磷酸氢二钾等，以磷铵效果最好。过磷酸钙作叶面肥，施用前用水浸泡一昼夜，然后按所需浓度配制。钾肥有磷酸二氢钾、硫酸钾、氯化钾、硝酸钾和磷酸氢二钾等，以磷酸二氢钾最好。施肥时为了节省工时，通常将不同的肥料混合施用，同时满足脐橙生长发育对营养元素的全面要求，且有时肥料的适当混合能提高肥效。

叶面施肥不能盲目进行，必须掌握科学的方法。在喷布浓度（表4-3）的选择上要充分考虑温度、空气湿度等因素，气温高、空气湿度小的条件下，使用推荐喷布浓度下限，避免肥害的发生，幼梢期浓度也要适当降低。为提高叶面喷肥效果，要把握好喷布时间和喷药部位。喷药时间以无风阴天为宜，避免阴雨、低温或高温暴晒。若在气温较高的晴天喷布，最好在上午 10 时以前或下午 4 时以后进行，并降低施用浓度，避免高温灼伤叶片和果实。喷布的部位应选择幼嫩叶片（幼嫩组织对养分的吸收效率较高）和叶片的背面，增进叶片气孔对养分的吸收。可以在肥料液中加入 0.1%～0.2%的中性肥皂或洗衣粉液，以提高肥效。

表 4-3   叶面施肥常用种类和参考浓度

种类	浓度（%）	种类	浓度（%）
尿素	0.3～0.5	硫酸锰	0.05～0.1
硫酸铵	0.3	氧化锰	0.1
硝酸铵	0.2～0.3	硫酸镁	0.3～0.5
过磷酸钙滤液	0.5～1.0	硝酸镁	0.2
草木灰浸液	1.0～3.0	硫酸铜	0.01～0.02 或 0.5 波尔多液
磷酸二氢钾	0.3～0.5	钼酸铵	0.05～0.10
硫酸钾	0.3～0.5	柠檬酸铁	0.1～0.2
硝酸钾	0.5～1.0	硫酸亚铁	0.1～0.3
氯化钾	0.3～0.5	硼砂或硼酸	0.1～0.2
硫酸锌	0.1～0.2	复合肥	0.2～0.3
氧化锌	0.1	腐熟人粪尿	10～30

（四）脐橙园施肥

1. 幼龄树施肥   幼脐橙树施肥以速效氮肥为主，坚持"从少到多、先淡后浓、逐步提高"的施肥原则，勤施薄施，适当配合磷、钾肥。施肥重点是春梢、夏梢、秋梢抽生期的攻梢，使其抽生整齐，生长健壮。一年生幼树，从定植后一周开始至 8 月底止，每隔 10～15 天浇施一次稀薄的 0.2%～0.3% 的腐熟有机水肥，或 0.3%尿素或复合肥，或雨天撒施尿素加复合肥，秋冬季节结合深翻扩穴适当重施一次基肥。二至三年生幼树全年施肥 7～8 次，一般在每次新梢发芽前施 1 次催芽肥，在顶芽自枯至新梢转绿时再施 1 次壮梢肥。11 月结合土壤改良施一次以有机肥为主的基肥。叶面追肥用量小，维持时间短，必要时根据具体情况进行。幼年脐橙树具体的施肥量可参照表 4-4。

表 4-4　幼年脐橙树每株全年施肥量对照表

（单位：克）

树龄	施肥时期	尿素	过磷酸钙	硫酸钾	有机肥
一年生	攻梢肥	80	120	40	
	壮梢肥	40	60	20	
	基肥				500
二年生	攻梢肥	100	150	50	
	壮梢肥	50	70	25	
	基肥				1 000
三年生	攻梢肥	120	160	50	
	壮梢肥	60	80	25	
	基肥				1 500

2. 成年结果树施肥　脐橙进入全面、大量结果时期，营养生长与生殖生长达到相对平衡，这种平衡维持时间越长，则盛果期越长，经济效益越高。生殖生长和营养生长以及树体营养物质积累与消耗之间的矛盾，在盛果期更加敏感，稍有不

慎，即出现大小年结果现象。施肥技术的重要环节是调节开花结果与枝梢抽生的矛盾，增厚叶幕层，维持适当的叶果比，增加树体营养物质的积累，延缓衰老。如果施肥措施不当，容易造成营养生长削弱，开花较多，落花落果严重，大小年结果，产量下降，树势衰退，提早进入衰老期。

成年结果树主要做好全年 4 次施肥，即春肥（芽前肥）、稳果肥（花后肥）、壮果肥和采果肥，施肥比例为春、稳果肥、采果肥各占全年施肥量的 20%，壮果肥占全年施肥量的 40%。具体施肥量可参照表 4-5，施肥方法主要是利用灌溉设施浇施和撒施。

表 4-5　成年脐橙树每株全年施肥量对照表

（单位：克）

树龄	产量（千克）	春肥			稳果肥			壮果肥			采果肥			有机肥
		尿素	过磷酸钙	钾肥	尿素	过磷酸钙	钾肥	尿素	过磷酸钙	钾肥	尿素	过磷酸钙	钾肥	
4	25	120	140	80	120	140	80	240	280	160	120	140	80	2 000
5	50	240	290	85	240	290	85	480	580	170	240	290	85	2 500
6	75	350	430	250	350	430	250	700	860	500	350	430	250	3 000
7	100	470	570	330	470	570	330	940	1140	660	470	570	330	3 500

赣南地区按照每 100 千克果实全年施氮素 0.6～0.8 千克，氮∶磷∶钾＝1∶0.5∶（0.8～1）的标准，实行以产定量施肥。

例如：单株产量 50 千克的脐橙树全年施肥量。

范例一：

菜籽枯 5 千克：氮 0.23 千克、磷 0.124 千克、钾 0.07 千克；

施复合肥（18∶9∶18）1 千克：氮 0.18 千克、磷 0.09 千克、钾 0.18 千克；

合计：施氮 0.41 千克、磷 0.214 千克、钾 0.25 千克，

N：P：K＝1：0.5：0.6。

肥料成本：14.5～19元/株（菜籽枯2 200～2 900元/吨、复合肥3 500～4 500元/吨）。

范例二：

菜籽枯5千克：氮0.23千克、磷0.124千克、钾0.07千克；

尿素0.5千克：氮0.23千克；

钙镁磷肥1千克：磷0.14千克；

硫酸钾0.5千克：钾0.24千克；

合计：施氮0.46千克、磷0.264千克、钾0.31千克，N：P：K＝1：0.6：0.7。

肥料成本：15.0～18.5元/株（菜籽枯2 200～2 900元/吨、尿素2 200元/吨、钙镁磷肥500元/吨、硫酸钾4 800元/吨）。

范例三：

生物有机肥7.5千克：氮0.15千克、磷0.15千克、钾0.15千克；

施复合肥（18：9：18）1.5千克：氮0.27千克、磷0.135千克、钾0.27千克；

合计：施氮0.42千克、磷0.285千克、钾0.42千克，N：P：K＝1：0.7：1.0。

肥料成本：17.75～23.25元/株（生物有机肥1 400～2 200元/吨、复合肥3 500～4 500元/吨）。

3. 衰老更新树施肥 脐橙树进入衰老更新期产量明显下降，树冠开始向心生长，树冠中下部枝、内膛枝郁闭，枯枝增多，根系生长减弱，吸肥力也减退，叶少花多，坐果率下降。这种类型树应地上部的树冠更新和地下部的根系更新同步进行，地上部重剪更新树冠，地下部断根更新根系，使其更新复壮。施肥可利用根系的3次生长高峰期，在2月上中旬、7月上中旬和9月上旬断根增施有机肥，促使根系生长。同时，在脐橙萌芽、抽梢时增施氮肥，促使春梢、夏梢和秋梢抽发整齐，使重剪后的脐橙树迅速恢复树势。

三、脐橙园的水分管理

我国大部分脐橙产区年降水量在 1 000 毫米以上，降水总量能满足脐橙树体生长发育基本需求，但也普遍存在降水分布不均匀，有季节性干旱或雨季涝害的发生。水分不足，导致植株受旱，根系生长受到抑制，叶片光合作用降低，新梢难抽生，或抽生少抽生弱，花质变差。水分过多，排水不良，土壤通透性差，则导致沤根烂根，甚至地上部、地下部营养失调，出现大量落花落果，久旱大雨、暴雨还可引起大量裂果。水分多少对果实品质的影响也很大，土壤含水量高，使脐橙果皮较薄，果汁较多，酸含量降低，糖酸比提高，但过多可能致使果实风味变淡。相反，水分过少会影响果实生长，致使果小、果汁少。因此，要保证脐橙正常的生长发育，获得高产、稳产和优质果品，就必须根据脐橙生长发育和需水规律，采取科学、合理的水分调控措施。

（一）脐橙果树的需水规律

一年中不同的生长发育阶段，脐橙树体对水分的需求差别较大，以12月至第二年2月需水量最低，3月后随着气温的回升逐步增加，6～9月达到高峰。年生长周期中，脐橙在萌芽、抽梢、开花、坐果、果实膨大等时期对水分较为敏感，敏感期若不能合理调控水分供应，易导致脐橙产量和果实品质的下降。

1. 萌芽抽梢期（2月底至3月初）　既是脐橙的萌芽抽梢期，又是花芽的再次分化期。随着春季气温的回升，树体对水分的需求逐渐增加，但总体而言需求量并不大。为促进春梢萌发生长，提高花质和正常开花结果，该时期土壤以湿润为好，土壤含水量为田间持水量的 60%～65% 为宜。春季阴雨较多的地区，土壤含水量较高，应适度控水，以提高土温。

2. 开花坐果期（3～5 月） 该时期是脐橙的需水临界期，对水分要求较严格。土壤和空气适度干旱，利于开花坐果。缺水又会造成开花质量差、不整齐，花期延长，落花落果严重。长期阴雨或土壤过湿、空气湿度过大，易造成新梢徒长，加剧梢果矛盾，生理落果严重。但如果遇高温、低湿天气，同样生理落果严重。这个时期，土壤含水量保持在田间持水量的 65%～75%，空气湿度在 70%～75% 为宜。

3. 果实膨大期（7～10 月） 为脐橙果实迅速膨大期和秋梢抽发生长期，是树体生长最旺盛的时期，也是需水量最大的阶段。而此时期气温较高，降水量相对较少，易发生干旱缺水。若未做好抗旱保墒和引水灌溉工作，对果实膨大和秋梢抽生会造成很大影响。但如果雨水过多，有可能因果实膨大速度过快，果实结构不紧致，而影响果实品质和贮藏性能。该时期土壤含水量以田间持水量的 75%～80% 为宜。

4. 果实成熟期（11～12 月） 为果实成熟期，此时期保持土壤适度干旱，有利于果实糖分积累和果皮褪绿着色，生产出的果实风味浓郁，贮藏性能也较好。土壤持水量以田间持水量的 60% 左右为好。

（二）脐橙园的水分管理

脐橙在不同的生理阶段对水分的需求不同，生产实践中应根据脐橙的需水规律，对土壤水分进行人为调控。雨季来临和多雨季节，应及时检查和疏通沟渠，做好果园排水工作。土壤干旱缺水应及时做好保墒抗旱和蓄水灌溉工作。果园成熟期及花芽分化期，为促进养分积累和花芽分化，应适度控制土壤含水量，保持土壤适度干旱。

1. 保墒抗旱 保墒抗旱是脐橙水分管理当中的一项重要工作，即采取一定措施，保持果园土壤适当水分，减轻或避免土壤干旱对树体生长发育带来的不利影响。土壤保墒抗旱的主要措施有：结合深翻扩穴，压埋有机肥，改善土壤团粒结构，增强土壤蓄水量，减少土壤水分向上移动和蒸发损失，提高果园抗旱能力；在雨季结束后旱季来临前，土壤适度中耕，以切断土壤毛细管，减少水分蒸发散失；用杂草、作物秸秆、绿肥等进行树盘覆盖，减少土壤水分蒸发。但覆盖厚度要在 10 厘米以上，否则没有效果。此外，施用土壤保水剂也是一项可行的措施。

2. 脐橙园灌水 脐橙园灌溉是解决脐橙果树需水要求最直接的方法，但应保证灌水及时和充分。根据赣南产区多年果实生长与降水量的相关分析，进入夏秋干旱季节，以 10 天为周期，如果周期内没有 10 毫米以上降雨，就必须进行一次充分灌水。如果等到树体表现明显旱相才灌水，可能已经对树体造成伤害和影响果实的正常生长。

当然，也可以通过土壤目测来判断是否需要灌水。挖取表土下 10～20 厘米土层的土壤，用手抓一把，能成团，松手后能散成几块，说明土壤含水量适宜。若使劲才能勉强成团，说明土壤轻微缺水，应根据后续天气状况决定是否灌水。若手抓后不能成团，说明土壤严重缺水，需及时灌水。

灌溉的方法很多，应根据脐橙园立地条件、水源特点和经济能力确定，最好的办法是创造条件实施滴灌、渗灌等节水灌溉。如没有条件，也应采用穴状浇灌的非充分灌水的方式进行脐橙园灌水。即沿树冠滴水线均衡挖 3～4 个直径 20～30 厘米、深 30～40 厘米的洞，洞内先填一些杂草，将水直接浇灌到洞内。水在根系分布层内直接渗透，可迅速起抗旱的效果，一定程度上还可节约灌溉水。

3. 脐橙园排水 脐橙属比较耐涝植物，淹水 24～48 小时不会给树体带来永久性伤害。但是，我国大部分脐橙产区雨水分布不均，多雨季节降水过于集中，加上受土壤质地及地形地势等因素影响，往往存在果园积水和涝害的发生。因此，必须根据果园情况，结合天气状况，及时做好果园排水工作。

雨季来临前或多雨季节，要加强果园的巡视检查，及时疏通排水沟，山地果园还要疏通梯带内壁沟，清理沉沙凼，保证果园排水通畅。平地、水田、海涂、河滩等地脐橙园的地下水位较高，应深挖排水沟，降低地下水位，必要时在地势最低处设置蓄水池（塘）和排水机房，将汇集雨水及时排出。若出现果园积水，且时间超过 24 小时以上，除及时挖深排水沟排水外，还应适度挖开滴水线附近土壤，加速水分蒸发，晾干 1～3 天后再进行覆土。

脐橙园出现积水现象，雨水排出后要及时松土，增加土壤孔隙。洪水淹没的脐橙园，洪水消退后要对树冠进行及时的清洗和杀菌剂保护。树体经水淹后，根系缺氧受损，养分吸收受阻，有必要进行 1～2 次叶面追肥，及时补充树体养分，增强抗病能力。淹水严重的脐橙园还要对树体进行适度修剪，短截或疏除部分枝梢，剪除部分果实。

4. 脐橙园控水 9～10 月间，正值脐橙花芽分化和果实成熟期，土壤适度干旱有利于脐橙的花芽分化、果实的褪绿着色及果实可溶性固形物和贮藏性能的提高。采前 20～30 天，果园出现脐橙叶片稍微卷曲的轻微干旱可不灌水。较重时则适当灌水，但也无需跟其他生产季节一样浸透土壤根系分布层。脐橙园控水的主要方法有树盘覆盖、树冠覆盖和开沟晾根等。

（1）树盘覆盖。是对树盘进行覆盖。覆盖范围超出树冠滴水线 50 厘米以外，最好与排水沟相衔接，以限制降水进入根系分布区，减少根系对水分的吸收，进而提高果实品质。生产中，也会对整个行间进行覆盖。树盘覆盖一般在 6～7 月的壮果促梢肥施用后进行，到果实采收后揭膜，材质上最好选用白色或银灰色、透气不透水的反光膜，既利于控水，又可增强反光，促进光合作用。

（2）树冠覆盖。是对树冠进行覆盖，是包括脐橙在内的柑橘生产中比较常用的一项避雨栽培技术，也是果实留树贮藏和冬季防冻的一项有效措施，对提高果实品质具有重要作用。该方法在广西和四川柑橘产区使用较多。在进行树冠覆盖前，一般先喷布 1～2 次杀菌剂，防止病菌为害。值得注意的是，如果覆盖材料是塑料薄膜，薄膜距树冠顶部枝叶的空间距离最少在 50 厘米以上，避免晴天引起高温灼伤。同时，侧边塑料薄膜也应与地面保持一定距离，以便于通风透气。

（3）开沟晾根。沿树冠滴水线两侧开挖深沟，露出和截断一部分根系，限制水分吸收。如对生长过旺、少花的脐橙园，多采用此方法促进花芽分化。开沟晾根可与扩穴改土和基肥的施用结合进行，深度应达到根系分布层且露出部分大根为宜。但应对露出的大根进行修剪，剪平断面。根系晾晒 7～10 天，树冠叶片出现轻微卷曲后，应及时回填。

四、脐橙树的整形与修剪

脐橙是多年生常绿果树，在亚热带一年抽发 4～5 次梢，自然生长则势必造成树冠郁闭、枝梢杂乱、病虫滋生等，难以保证园相整齐、高产优质、持续稳产。整形修剪能促使树体形成丰产树冠，实现通风透光，保持树体健壮，调控生产大小年，生产优质果、精品果，减少病虫为害，是实现脐橙高品质栽培的有效措施。

（一）整形修剪的作用

整形修剪的作用主要：一是培养早结果、丰产稳产的树形；二是改善树冠通风透光，提高光合效率；三是调节树体营养生长与结果的矛盾，促进优质丰产；四是减轻病虫为害，促进更新复壮；五是方便果园通行，有利施肥、修剪、喷药和采收等农事操作。

（二）整形修剪的基本方法

脐橙的整形修剪方法有短截、疏剪、回缩、抹芽放梢、摘心、缓放、环割和撑枝、拉枝等。

1. 短截 将枝梢剪去一部分，保留基部一段的修剪方式称短截。短截的目的是刺激剪口下的芽萌发，以抽出健壮的新梢使树体生长健壮，短截的幅度一般是枝条长度的1/4～1/3。

2. 疏剪 将枝条从分枝基部剪除的修剪方法。疏剪可改善树体和树冠局部通风透光条件，促进花芽分化和提升果实品质。常用于生长旺、分枝多、树冠紧密的树上，对强旺枝、丛生枝进行疏枝。

3. 回缩 是从小枝、枝组或侧枝的中轴上某一部分下剪，除去剪口上方密集与衰弱枝丛，剪口处仍保留有枝梢，称为回缩。回缩常用于大枝顶端衰退或树冠外密内空的成年树或衰退老树，有利于通风透光、紧凑树冠、枝组更新等。回缩会减少树体当年的总生长量，但对剪口后面的枝梢有促进作用，多用于树体和大枝组的更新复壮、避免结果部位外移等，恢复树势的作用也较明显。

4. 抹芽放梢 抹芽是在夏、秋梢长至1～2厘米长时，将不需要的嫩芽抹除。抹芽的作用是减少养分损耗，促进枝梢整齐抽放，便于病虫害防治。

放梢是与抹芽相对而言的。脐橙的芽是复芽、潜伏芽，零星早抽的芽抹除后会刺激副芽和附近其他芽萌发，抽生较多、整齐的新梢。

抹芽放梢主要用于成年结果树的夏、秋梢时期，抹除早夏梢及部分早秋梢，主要作用如下：一是避免夏梢与幼果争夺养分而出现大量落果；二是促进脐橙统一放梢，切断木虱等害虫的食物来源，减轻木虱为害；三是便于统一施药防治潜叶蛾、蚜虫、粉虱等为害嫩芽的害虫。

5. 摘心　当新梢长到一定长度时，在未木质化之前用手摘去嫩梢顶部称摘心。摘心也是一种短截，目的是控制枝梢生长量，减缓梢果矛盾；促进分枝，增加分枝级数，加速树冠形成；促进枝梢老熟，增加养分积累。

6. 缓放　对一年生枝梢不进行修剪，一般用在当年要结果的结果母枝上。缓放可缓和枝梢的生长势，不抽枝，或抽发一些中小枝，缓放的枝梢上叶片多、贮藏营养多，易于花芽分化，促进营养生长转向生殖生长。

7. 环割　剥去枝干的一圈皮层，深达木质部又不伤及木质部，截断光合营养向下输送的通道，使之更多地积累在枝干上，称为环割。环割一般在生长旺盛的结果树上进行。环割时间是 4 月上旬和 9 月至 10 月上旬。4 月环割可提高坐果率，9月环割有利于促进花芽分化。环割宜在直立强旺枝，侧枝基部表皮光滑处进行，用环割刀环割骨干枝 1～2 圈，以割断皮层，深度达木质部，但不伤木质部为准，干燥地区用薄膜包裹环割处，以利伤口愈合。过深会导致水分运输受阻，落叶枯枝；过浅则愈合快，达不到环割的效果。

8. 撑枝、拉枝、吊枝　撑枝、拉枝、吊枝都是具有加大分枝角度，减缓生长势，改善光照条件，促进花芽分化的作用。

9. 扭梢　扭梢是扭伤枝梢，其作用是阻碍养分运输，缓和生长，积累养分，提高萌芽率，促进花芽形成，提高坐果率。扭梢可在春、夏、秋脐橙生长季节进行，但干旱、高温季节不宜。

（三）不同树龄的修剪

1. 幼年树的修剪　一般脐橙从定植到投产前，这一时期称幼年树。幼年树以迅速培养树冠骨架、扩大树冠为目的，定植后前三年免修剪。

一是及时抹除第一分枝以下主干上萌芽，保持主干高度在30厘米以上，树冠其他部位不再进行短截、抹芽、摘心、选梢等修剪，任其自然生长。

二是适当采用拉枝等方式，调整枝梢生长方向和方位。

2. 成年树的修剪　进入盛果期，极易出现大小年结果现象，修剪的原则是及时更新结果枝组，培养优良结果母枝，维持营养枝与结果枝的合理比例，以达到延长盛果期年限的目的。

在赣南通常采用"抬冠提干—锯顶开窗—删缩整冠三步修剪法"进行修剪，以枝组为基本修剪单位，以回缩和疏删为主要修剪手法，改善树体各部位通风透光条件。技术流程分三步，第一步为"抬冠提干"，即回缩树冠下部、离地面30～50厘米范围内的披垂枝群，改善树冠下部通风透光条件；第二步为"锯顶开窗"，即从基部锯除树冠顶部直立遮阴枝组，改善树冠顶部通风透光条件；第三步为"删缩整冠"，即回缩结果枝组和衰退枝组，删除过密部位主枝、副主枝上的背上枝组和背下枝组，造就凹凸起伏的树冠形状，改善树冠内、外的通风透光条件。

3. 衰老树的修剪　衰老树发枝难、结果少或部分枝梢干枯，应及时更新复壮，延长盛果年限。通过地上部分树冠重剪和地下部分断根处理，并配合肥水管理，促使地下部分重新长出新的根系，吸收土壤中的水分和营养物质，地上部分重新抽发强壮枝梢恢复树势。

（1）轮换更新。对部分枝条尚能结果的衰老树轮流进行短截重剪，并疏剪部分过密、过弱侧枝，保留树体主枝和长势较强的枝组，尽量多保留大枝上有健康叶片的小枝，在更新的几年内，每年均能保持一定的产量。更新时期以春季萌芽前进行为好，此时日照适宜，病虫害较少，树体养分贮存多，更新后树冠恢复快。

（2）露骨更新。当树势衰退比较严重时，锯除影响树形的主枝、副主枝、侧枝以及过密枝组，对所有应保留的侧枝和枝组实行短截，但要保留有叶片的小枝和衰弱枝组，以便进行光合作用。

（3）主枝更新。当树势严重衰退时，将距骨干枝 100 厘米以上的 4～5 级副主枝、侧枝全部锯去，同时进行深耕、施基肥，更新根群，谨记断根后及时喷洒杀菌剂和生根粉。两年后树冠即可恢复生长，重新结果。

树冠更新后的管理是成败的关键，具体措施：一是更新后的枝、干应先用杀菌剂抹伤口，再涂桐油或者凡士林，暴露的主干和大枝要刷石灰水防日晒。同时地面应覆盖或间种作物，防止阳光暴晒而开裂枯死。二是适当疏芽，更新后的主枝往往萌发大量新梢，应及时选择性疏除，每一主枝上留 2～4 根分布均匀的新梢，且间隔在 20 厘米作用，且确保每个梢都有生长的空间，不会造成重叠。待新梢长到 10 厘米左右，摘心一次，促进分枝，增加分枝级数，加速树冠形成。三是加强肥水供应和病虫害防治。

五、脐橙园的防灾减灾技术

（一）脐橙园的冻害

脐橙是甜橙类中最早熟的品种，如果早采则早休眠，所以是甜橙类中比较耐低温的品种，常能忍受为时不太久的

－2.2～0℃的低温。根据美国加州调查记载：延续 1.5 小时的－9℃低温，再延续 13 小时－5℃的低温，对 1 月份休眠较深的脐橙只冻落 10％的叶片，未冻死树干。尽管如此，在各脐橙产区冻害还是普遍发生的。1999 年冬季赣南产区的大冻，至今果农还心有余悸，除去部分立地条件较为优越的脐橙园未受损失外，几乎无一幸免，造成的损失在 10 亿元以上。

1. 造成脐橙冻害的因素 脐橙冻害发生与否，受多种因素的影响。国内外气象和农艺专家、学者对此有过不少报道。归纳起来，可分为两大类，即植物学因素和气象因素。植物学因素包括脐橙的种类、品种（品系）、砧木的耐寒性、树龄、树势、秋梢停止生长的迟早、结果量的多少及采果早晚、病虫为害、肥水管理、晚秋到初冬喷布药剂的种类和次数等栽培技术措施，都会影响脐橙冻害及其程度。气象学因素最主要的是低温强度和低温持续的时间，其次与土壤和空气的干湿程度，低温前后的天气状况，低温出现时的风速、风向、光照强度以及地形、地势等关系密切。

脐橙的冻害是内、外因的结合，植物学因素是内因，气象学因素是外因。在植物学因素相同的条件下，低温强度越大，低温持续时间越长；受冻时遇刮干燥的西北风，冻后骤晴，温度突然回升；冻前久旱少雨，受冻期间出现长时间的冰冻、雨淞和雾淞等天气，脐橙的冻害就越严重。反之，在气象学因素相同的条件下，植物学因素对脐橙的冻害就起决定性作用。

（1）种类、品种、砧木。脐橙较大多数甜橙品种耐寒力要强。品系间也有差异，如华盛顿脐橙、纽荷尔脐橙、佛罗斯特脐橙比朋娜脐橙、清家脐橙的耐寒力强。耐寒力不仅与接穗品种本身的抗寒力有关，而且与砧木的抗寒力及其与接穗的亲和力密切相关。砧木的抗寒性以枳最强，枳橙次之，酸橙和香橼再次。同一砧穗组合，也会因砧木的繁殖方法和嫁接高度不同而引起抗寒性的差异。如扦插枳作砧木的比实生枳作砧木的更不耐寒。冻害天气极端最低温都出现在接近地面处,生产上有用提高嫁接部位的方法来增强树体抗冻能力。

(2)树龄、树势和结果量。一般说,青壮年结果树组织器官健壮,树体内营养物质积累丰富,其抗寒力比幼树和衰老树都强。树势强弱与栽培管理水平有关,栽培管理得当,树势健壮,既不衰弱也不旺长,抗寒力强。结果量有时也会引起抗寒力降低,挂果多,采收迟,树体营养消耗大,采果肥跟不上,营养得不到补充,树势不能及时恢复,抗寒力下降。相反,结果量过少,营养生长旺盛,晚秋梢的抽生量多而使树体进入休眠迟,耐冻能力减弱。同一植株的不同器官耐寒性也各不相同。一般认为,耐寒性以主干、老枝最强,成熟枝条次之,叶片再次,花蕾和果实最弱。

(3)地形、地势。丘陵、山地坡度不同,气候、土壤和水分状况常有较大差异,遭受冻害的程度也不一。坡向结合地形,考虑冷空气最好是"难进易出",应选择坐北朝南、西、北、东三面环山,南面开阔,冷空气能自行排出的地形,种植脐橙不易受冻。低滩、"冷湖"建园,容易受冻。主要是由于冷空气密度大,周围坡地上冷空气下沉汇聚。由辐射降温引起的冻害,往往东、西坡比较重。主要是因为强降霜天气的第二天早晨,太阳出得特别早,而且直射东坡,因解冻过快而引起冻害;西坡是太阳落山前最后照射的坡向,因昼夜温差大而加重冻害。

(4)栽培管理措施。良好深厚的土层,脐橙根深叶茂树壮,抗寒力强。脐橙根系深广,不仅能获得树体所需的营养元素,使树体健壮、抗寒,而且能在严寒季节使根系处在土温较稳定的环境之中。即使在地面枝叶受冻后,由于根系能吸收水分,也能起到减轻叶片解冻时蒸腾失水的作用。施用的肥料种类、量的多少、施肥时期和方法直接关系脐橙果树的抗寒能力。氮肥过多,引起徒长和延长枝梢生长期,削弱抗寒力;钾肥过量，会出现铁、镁、锌等元素不足，导致细胞液浓度降低。另外，钙、镁、铁、锰、锌、硼等元素不足，则更易减弱树体抗寒力。秋施氮肥会促发晚秋梢，削弱树体的抗寒力。水是肥的载体，又是热的调节者。当排则排，当灌则灌，能增强树势，提高树体的抗寒力。土壤中水分过多，氧就缺乏，导致根系吸收力减弱，甚至死亡。

2. 防冻害的措施 不同产区产生冻害的类型不一。赣南产区脐橙的冻害与其他产区，特别是北缘柑橘产区的冻害有些不同。北缘柑橘产区产生的冻害多因平流降温引起，而赣南产区多为霜冻辐射降温引起，个别年份为辐射降温和平流降温复合型。防冻措施是在选择抗寒性较强的品系、抗寒砧木以及避免在低谷、冷湖等易产生冻害的地方建园的基础上，主要是加强栽培管理，提高树体自身的抗寒力。

（1）建立高标准生态果园。丘陵山地脐橙园，可以通过山顶植树造林（包括不适宜开发种植的特殊地块），主干道、支道种植高大绿化树，沿山脊纵线风口种植 4～6 米宽的防风林带，构建丘陵山地的防风林系统，将集中连片的生产基地分割成一个一个的生态小区，林中有果、果在林中，改善脐橙园生态环境，对增强脐橙园抵御自然灾害的能力有帮助。

（2）加强栽培管理，提高树体抗寒力。改善土壤条件，是防止脐橙冻害的有效措施。深翻扩穴改土，深埋有机质，改善土壤通透性，提高土壤肥力，将根系引向深入，增强树体的抗寒性。地下水位高的脐橙园，要注意梅雨季节的排水，还可采用高墩栽培。伏旱和秋旱，适时合理灌溉也能增强脐橙树体的抗寒力。晚秋不宜过多地供给树体水分，以免秋梢特别是晚秋梢旺长，组织不充实，降低抗寒力。冻前灌水可利用水分释放的潜热来改善脐橙园内的温度，减轻冻害。合理地使用有机肥，有助于树体抗寒。秋季施肥要防止晚秋梢大量抽发，切忌过多地施用氮肥。适时或适当提前采果，使树体不至于消耗过多的营养而导致衰弱。认真防治好为害脐橙叶片、枝、干的病虫害，如防治好树脂病、炭疽病、脚腐病等病害及红蜘蛛、黄蜘蛛、天牛、介壳虫、吉丁虫等害虫，能使树体有足够健壮的叶片和枝干抵御寒冷的侵袭。

3. 防冻应急措施 为防止脐橙植株根颈部受冻，尤其是幼树，通常可采用树干刷白、包扎树干、树蔸壅土等，防止主干受冻。霜冻来临之前及时灌水，提高土壤热容量，避免干旱加重冻害。霜冻天的夜晚，脐橙园点燃火土堆，熏烟造云，防止果园辐射散热。霜冻天用稻草、编织袋、遮阳网等覆盖树冠，避免枝叶直接受到伤害。对脐橙树冠喷布抑蒸保温剂，可抑制叶片水分蒸发，减轻脐橙之冻害。结合冬季清园，树冠喷布 50～60 倍机油乳剂，也有一定的防冻效果。

4. 冻害后的脐橙园管理 脐橙果树受冻后恢复的快慢，取决于两个因素：一是冻害程度，二是冻后采取的恢复措施是否及时、恰当。脐橙受冻，由于地上部分器官（叶片、枝条）遭受到破坏，使其根系、枝干的生理活动减弱，地上部与地下部失调。同时由于落叶枝干外露，抗性也大减弱。所以，冻后的管理工作必须抓紧。首先要促使地下部根系活动，由此而促发地上部。再由地上部同化器官制造养分进而促发新根，借以营造以根养叶、以叶保根的良性循环。

（1）冻后特别是干冻后，根和树体更需水，应及时灌水减轻冻害。

（2）松土保温。解冻后立即进行树冠下树盘松土，能保持地热，提高土温，有利于根系生长。

（3）施肥促恢复。受冻后应及时追肥，促其尽快恢复。但因受冻后树体功能减弱，施肥要以水肥为主，且要勤施薄施。新梢叶片展开后，应及时用 0.2%～0.3%尿素＋0.2%磷酸二氢钾混合溶液进行数次根外追肥，促进树体恢复。

（4）适时修剪和锯干。枝干受冻后不如叶片那样容易在短时期内识别。枝干冻后，导管并未阻塞，根系吸收的肥水仍可沿导管以毛管水和气态水消耗。剪（锯）枝干过早，会造成误剪；剪（锯）枝干过迟，使树体浪费水分。所以，必须适时剪（锯）除受冻枝干。即生死界线分明后，立即进行剪（锯）枝干。对剪（锯）后的较大伤口，应涂刷保护剂，以减少水分蒸发。保护剂可选用凡士林 250 克加多菌灵 5 克等。

（5）枝干涂白防晒。受冻后的脐橙树，特别是受冻较为严重的树，由于树冠枝、叶减少，枝、干裸露，在夏季应进行涂白，以防严重的日灼造成树枝树干裂皮。

（6）防治病虫害。冻后的脐橙园易遭受柑橘树脂病、炭疽病的为害，要重视防治。此外，还应注意加强对柑橘红蜘蛛、潜叶蛾以及金龟子、凤蝶、象鼻虫等食叶性害虫的防治。

（二）脐橙园的旱害

1. 旱害的影响　植物旱害是指植物体内水分亏缺而受害的现象，通常习惯上将脐橙生产上的旱灾称之为干旱或旱害。随着全球气候变暖，脐橙旱害发生越来越频繁，已成为生产上仅次于冻害的第二大气象灾害。发生旱害时，轻则叶片凋萎、果实失水和树体本身生长发育受阻等，引起落花落果，重则会造成根死树枯。生产上人们往往轻视旱害，但其造成的损失相当严重。如川东、重庆地区有数据统计以来，涪陵市 1990 年伏旱加秋旱 88 天，造成柑橘树旱死 2.5 万余株，减产 30％；楠竹乡五村因无水抗旱，1989 年定植的 8 000 余株柑橘树旱死 80％以上；巫山县 1961 年、1974 年、1988 年因旱害分别减产 25％、42％、65％。因此，分析旱害发生的条件、特点和成因，探讨对策，采取相应的抗旱措施，增强脐橙树体的抗旱能力，对于脐橙的持续稳定发展十分重要。

旱害对脐橙的伤害表现在直接伤害植物细胞，脱水破坏细胞结构从而引起细胞、组织受害，进而引发一系列间接伤害，如细胞脱水会造成代谢紊乱，影响树体营养生长和生殖生长，造成果树产量和品质下降，减弱了树体本身的抗病虫能力，加重了病虫害的侵入等，加速了树体的衰老和死亡。

2. 抗旱途径及措施　旱害主要由缺水导致，虽然大部分脐橙产区雨量比较充足，仍可能因分布不匀而出现春旱、伏旱、秋旱，甚至夏、秋、冬连旱。轻时会使叶片萎蔫，果实发育受阻，采收时小果多，产量受影响，重则可能严重减产。因此，脐橙旱害的防止，关系到脐橙的产量、品质和脐橙生产正常发展，应采取综合措施。

（1）营造防护林，改善脐橙园的小气候环境。防护林有防风、降温、蓄水保湿等重要作用。凡有冻害、风害、旱害的地域，在建园的同时，甚至在建园前，即应营造防护林，以改善脐橙园的微生态环境，减轻自然灾害对脐橙的危害。

（2）加强排灌设施建设，增强园地的抗灾能力。不同立地条件的脐橙园，应因地制宜地完善脐橙排蓄水系统。如山腰防洪排蓄水沟、梯田内壁的竹节沟、蓄水池等。更要创造条件，建立有保障的灌溉系统，达到既抗旱，又节约用水、节省投资的目的。

（3）耕翻培土，增施有机肥。耕翻培土，可疏松土壤，增厚土层。结合增施有机肥，培肥地力，改良土壤结构，增加土壤自身的吸水和蓄水能力。同时也可培植强大的根系，来增强树体自身的抗旱能力。

（4）脐橙园生草栽培。参阅土壤管理部分。

（5）树盘覆盖保湿。脐橙园覆盖是有效防止旱害最简单的方法，尤其是灌溉设施不完善的脐橙园，覆盖是必不可少的措施。覆盖能增加土壤水分、降低土表温度，还能增加土壤有机质和覆盖层下有效养分含量。

（6）使用抗旱剂、保水剂和营养生长剂。抗旱剂可缩小植物叶背面毛孔空隙，减少叶片水分蒸发，提高树体的抗旱能力。结合土施有机肥，每株施 30～50 克保水剂，3 年 1 次，有明显的保水抗旱效果。

（7）适时灌水。参阅水分管理部分。

（三）脐橙园的其他灾害

1. 涝害　脐橙的生长、发育与水分紧密相关。水分过多，使土壤孔隙充满水而通气性变差，根系呼吸受损，使水分、养分的吸收受到抑制。土壤长期在缺氧条件下，还会产生一些有毒物质，对根系产生伤害，造成植株生长不良，甚至死亡。

（1）涝害及其影响因素。涝害是指脐橙植株遭暴雨袭击树体受淹，或因地下水位高，根系长期在水中浸泡，而出现的水涝灾害。受涝害的程度，与淹水的时间、淹水的深度、砧木类型、树龄和树势的关系密切。一般淹水时间越长，危害越大；淹水深度越深，危害越大。砧木类型中，以酸橙砧耐涝性最强。成年树，由于其根系较幼树发达，因而耐涝性比幼树强。无论是苗木、幼龄树或是成年树，生长健壮、根系发达的抗涝性强，受害轻。相反，则受害重。不同施肥时期及施用量对淹水后的反应也不一。施肥越接近涝害期，脐橙的受害越重。即施肥后遇涝害时间越短，局部土壤肥料浓度越高，对脐橙的危害也就越大。

（2）减少涝害的措施

①择地种植。常有涝害的地方，应针对涝害发生的原因，选择最大洪水水位之上区域建立脐橙园。地下水位较高的，则应采用深沟高墩式栽培，避免或减轻涝害。

②排水清沟。如因地下水位高而产生涝害，应及时疏通沟渠，排出积水。如脐橙一旦受洪涝灾害，应尽可能快地排除积水和清理沟道，退水的同时要清理沟中障碍物和尽可能洗去积留在树枝上的泥土杂物。若洪水不能自行排出的，要及时用人工、机械排除，以减轻涝害造成的损失。

③适时翻耕。受涝害的脐橙园，排除积水后，应及时松土浅翻，解决淹水后土壤板结、毛细管堵塞的问题。以利于土壤水分蒸发。但翻土不宜太深，以免过多伤根。

④巧施肥料。水淹后土壤养分流失较多，土壤肥力下降，理化性状变劣，植株根系受损，吸收能力减弱，土壤不宜立即施肥。可叶面喷施营养液，促进树势恢复。待根系吸收能力恢复后，可浇施腐熟有机液肥，诱发新根。冬前可重施有机肥，引根深入，增强树势。

⑤疏果修枝。受涝害的幼树或生长势差、树脂病严重的树，除疏果外，还应对丛生枝、交叉枝和衰弱枝进行修剪，且回缩夏梢以减少树体养分的消耗。树体正常、生长势一般的成年树，只剪除黄叶、枯枝，任其挂果。对落叶严重、烂根的植株，应回缩多年生枝，并适度断根换土，促发新根。

⑥枝干涂白。对受涝害后落叶严重的植株，为避免使其主干、主枝暴露在强烈光照下而发生日灼，应对主干、主枝进行涂白。

⑦防治病虫害（略）。

2. 大气污染　大气是脐橙赖以生存的混合气体。由于工业化和人口增长，大气污染日趋严重。大气污染的主要物质是石油、煤炭、天然气等能源物质和矿石原料燃烧时产生的废气。据统计，仅烟囱排出的烟尘中，就含有 400 多种有毒物质，有 28 种大气污染物（如二氧化硫、氮的氧化物、臭氧、氟化物和碳氢化合物等）对植物的危害最为严重。污染的大气不仅能导致病虫害发生、土壤酸化、使农药变质不起作用或发生药害，还可使某些有毒物质在果实中积累，人们食用后影响人体健康。大气污染对脐橙果树的直接危害是影响正常的生理活动，造成组织坏死。间接危害是可能诱发某些病害的发生，使施用的农药酸化和果园土壤酸化。

（1）二氧化硫。柑橘类果树对二氧化硫的抗性，相对许多落叶果树来说是非常强的，在常绿果树中也是较强的。开花期对二氧化硫的抗性最弱，在 30℃ 的高温条件下，用浓度为 $(3\sim5)\times10^{-6}$ 的二氧化硫处理 6 小时，可显外部病症；在果实成熟期，同一温度，用浓度为 5×10^{-6} 的二氧化硫处理 24 小时才稍有受害；2～3 月份萌芽前，同一温度，用浓度$(60\sim80)\times10^{-6}$ 的二氧化硫处理 6 小时也未出现症状。也有报道指出：新梢刚发育成熟的新叶易受害，嫩叶和老叶则不易受害。高浓度的二氧化硫会造成急性伤害，其症状表现叶脉间的中央部分出现黄褐色斑点，叶片皱褶。二氧化硫对脐橙的间接危害，主要表现在使施用的农药变质和使土壤酸化。

防止二氧化硫污染的对策，首先是减少污染源，降低其在大气中的浓度。其次是促使树体健壮，不要过多施氮肥，适当增施磷、钾肥。三是受二氧化硫污染的脐橙园，不喷波尔多液。主要是由于铜在水和二氧化硫气体作用下，变为游离状态，叶片大量吸收，而导致危害。四是土壤增施石灰，降低土壤酸度。

（2）氮的氧化物。氮的氧化物对脐橙的危害，以二氧化氮毒性最强，其次是一氧化氮和硝酸根，其毒性为二氧化氮的 1/5～1/4。二氧化氮对脐橙的危害症状与二氧化硫相似，在温州蜜柑上仅叶片的表面产生点状斑点，与臭氧引起的症状相似。二氧化氮与污染物质二氧化硫相比，毒性较弱，仅为二氧化硫的 1/10。果树出现外表危害症状的浓度为 $(10\sim15)\times10^{-6}$，时间为 2～15 小时。脐橙植株用 0.5×10^{-6} 或 1×10^{-6} 的二氧化氮处理 35 天，引起严重落叶，用 $\leq0.25\times10^{-6}$ 的二氧化氮处理，则引起落叶和减产。当二氧化硫与二氧化氮共存时，受害有时会成倍加重。

（3）氧化物质（光化学反应物质）——臭氧。氧化物质是能使中性碘化钾一类物质氧化产生游离碘的强氧化物的总称，也被称为总氧化物质。汽车排出的废气中，含大量的氧化氮和碳氢化合物，这些污染物质经紫外线照射后生成第二次污染物质，称光化学反应物质。这种氧化物质是混合物，其主体是臭氧（占 90%），此外是硝酸过氧乙酰和二氧化氮。氧化物质使柑橘果树坐果率减少是一种累积效应，它使柑橘植株对水分的吸收和光合作用减弱，从而导致落叶、树势减弱。氧化混合物比臭氧对脐橙落果的影响大得多，落果随着臭氧的增加而加重。

（4）氟化物。氟化物的污染源来自铝电解厂、磷肥厂、陶瓷厂和砖瓦厂等，以氟氢化物的毒性最强。在一定浓度范围内，脐橙能较长时间地忍受二氧化硫的毒害。氟化物则不同，即使变成化合态，只要是可溶性，毒性仍极强。受害后叶缘变褐枯死，若为慢性受害则整个叶片黄化。脐橙对大气中的氟化物非常敏感，即使浓度仅为 $(0.002 \sim 0.003) \times 10^{-6}$ 也会有反应。脐橙植株受氟化氢污染后，叶片减小 25%～35%，这也许与初夏大量落叶后抽生小叶有关。淋雨和喷雾可减轻氟化物的污染，对污染严重的可树冠喷布氢氧化钙溶液（石灰水），能增加果实产量，但喷氯化钙无效。

（5）其他污染物质。重油燃烧产生的煤尘、煤粉可使脐橙幼嫩组织，尤其是幼果明显受害。矿石等原料在燃烧、加热、粉碎、筛选和堆放过程中产生的浮游粉尘（粒径 10 微米以下）积于叶面，会影响光合作用，产生机械危害。水泥尘埃呈碱性，可使叶面角质层碱化，既危害叶，又影响叶片的光合作用，影响蒸腾，阻碍散热而受害。有机物不完全燃烧会产生乙烯，加上城市乙烯工厂、煤气厂排出废气中的乙烯，会给脐橙果树带来危害。

（6）水和土壤污染。水体和土壤的污染源为工矿废水和农药等。工业废水主要含酸类化合物和氰化物。化肥、农药等主要含砷、汞、铬等。

土壤被污染后，土质变坏、板结而且盐渍化，植物难以正常生长。为了防治脐橙果树的病虫害，大量喷农药；由于劳动力紧张，工价昂贵，大量使用除草剂等。长久大量使用农药和除草剂，会使土壤中积累残毒，对脐橙果树生长不利。如农药中的砷、铅、铜等的有害作用，不仅是对脐橙果树、田间作物有影响，而且还将直接影响人类的生存环境。

砷在土壤中的毒性受土壤性质的影响，黏土比沙土轻，是因为黏土的铁、铝、钙、镁和有机物（胶体）含量多，这些物质可以固定砷。因此要减轻砷的毒性，可使用这些物质。还可施磷，以阻碍脐橙果树对砷的吸收。美国佛罗里达州排水良好沙质酸性柑橘园，植株出现与缺铁现象相似的白化现象，通过对发病与未发病和未开垦地土壤中铜、锰的含量调查表明：发病园土壤中铜、锰的含量显著高于未发病园和未开垦地。这是多年施用硫酸铜肥料和喷布铜杀菌剂的缘故。

施肥过多，特别是化肥过多不仅会产生肥害，也会污染土壤和水源，生产上应注意防止。第一，越冬肥不用或少用化肥。因冬季少雨，土壤干燥，化肥易伤根系。第二，传统的沟施、穴施等施肥方法，肥料集中，易产生肥害，特别是化肥，应改变施肥方法。如磷肥等难溶性化肥，可在改土时与有机肥同时施下作基肥；复混颗粒肥料等半溶性化肥，可地面撒施后翻耕；可溶性化肥可雨前撒施，用作追肥。第三，改重施、单施为勤施薄施多种营养元素的肥料。第四，根外追肥浓度要适宜，若是多种肥料混合使用，因有累计浓度增大的问题，各种肥料应按标准规定量使用。

第五章
花果管理与采收

　　脐橙花果管理是脐橙高产优质的关键环节，也是维持连年丰产的一项重要技术措施。脐橙果树的花果管理重点是围绕花芽分化、保花保果、疏花疏果、果实采收等内容进行，加强脐橙的花果管理，对提高果品的商品性状和价值，增加经济效益具有重要意义。

一、脐橙的开花结果习性

（一）花芽分化

　　花芽分化是指植物由营养生长向生殖生长转化的过程。

　　1. 花芽分化期　从叶芽转变为花芽起，直到花器官分化完全停止的这段时期，称花芽分化期。亚热带地区大多数脐橙是在秋季秋梢老熟前后至翌年春季萌芽前进行花芽分化，历时约4个月。同一品种在同一地方也因年份、树龄、树势、营养状况、结果情况等略有差异。在同一植株上以春梢分化较早，夏梢、秋梢次之，即使同时期的枝梢也可能有差异。

　　花芽分化又分为生理分化和形态分化两个时期。生理分化是花芽分化的临界期，即在形态分化前有一个糖分的积累高峰，随之而来的蛋白质积累高峰。此时是调控花芽分化的关键时期，大约出现在果实采收前后不久。花芽的形态分化可以分为生长点分化转变、萼片原基形成、花瓣原基形成、雄蕊原基形成、雌蕊原基形成等 5 个时期。分化初期在 11 月至翌年 1 月；萼片形成期在 1 月上旬至 2 月中旬；花瓣形成期在 2 月中旬至 3 月初；雄蕊形成期在 3 月初至中旬；雌蕊形成期在 3 月中旬。

2. 影响脐橙花芽分化的因素

（1）树体本身生物学因子。树势过强，营养生长过旺，花芽分化受抑制；树势过弱，花芽分化多，但花发育质量不高，坐果率低；树势中庸，枝条健壮，营养生长与生殖生长平衡，花芽分化适量，质量高。树体贮存碳水化合物多，成花营养积累足够，且碳氮比较大时可促进花芽分化。枝条着生位置和质量。脐橙多数以早秋梢为结果母枝，其次春梢、夏梢，内膛多年生枝也能形成花芽。充实、饱满及健壮枝条形成的花芽质量较好，徒长直立的枝条形成花芽较难，且质量较差。

（2）外界环境因素。温度是控制脐橙花芽分化最重要的环境因素。研究表明：气温不仅对诱导和分化有直接影响，而且也影响开花时间和开花数量。冬季低温时间长且适度干旱，有利于脐橙花芽分化，翌年开花较多。水分胁迫是诱导脐橙成花的重要因素之一，秋冬季适当控制水分的供应，有利于脐橙树的花芽分化。光照充足，叶片成花物质积累较多，可促进花芽分化；光照不足，花芽显著减少且质量差（如内膛枝）。

3. 促进花芽分化的措施 促进脐橙花芽分化良好，多开健壮花，首先要保持健壮、叶色浓绿，及时促发一定数量、质量高的营养枝。

（1）营养调控。适当控制氮肥的施用量，增施磷、钾肥。秋季停止施用速效氮肥，防止晚秋梢和冬梢的抽发，控制营养物质的消耗。采果后及时施腐熟优质有机肥，及时恢复树势。秋梢老熟后的 9 月上中旬至 10 月上中旬，树冠喷施叶面肥，调节营养平衡，为花芽分化奠定物质基础。适当提早采果和分批次采果，减轻丰产树的营养负担，以利脐橙恢复树势及花芽分化。

（2）控水。秋冬季适当控制水分的供应，有利于脐橙树的花芽分化。在花芽生理分化期，一般在秋梢老熟后的 10 月，可沿树冠滴水线开沟断根，减少根系对水分的吸收，待树冠叶片出现轻度卷曲后，再压埋有机肥回填，可达到控水和改土的目的。

（3）环割。枝梢较高的碳水化合物含量和较低的氮素营养，是脐橙花芽分化的重要条件。韧皮部组织是叶片制造的光合产物向下运输的通道，而新生木质部则是根系吸收的水分和矿质营养元素向枝叶输送的通道。通过环割处理切断枝干皮层，相当于切断了碳水化合物向地下根系运输的通道，使碳水化合物在枝叶中高浓度积累。而根系在得不到充足碳水化合物供应的情况下，从土壤中吸收氮素的能力也会减弱，使供给枝叶氮素营养的能力下降，从而促进花芽分化，但幼树、弱树不宜环割。

（4）应用植物生长调节剂。有试验报道：矮壮素、多效唑、细胞分裂素等对脐橙花芽分化有一定的促进作用。脐橙促花剂施用时间为 9 月上中旬至 10 月上中旬开始，20 天左右树冠喷施 1 次，连续喷布 2～3 次。

4. 抑花的措施　对还不能挂果的幼树、翌年是大年的树、花量大坐果率极低的品种等，需要控制开花或减少花芽数量，促进营养生长。

（1）喷施赤霉素（GA_3）。在秋梢老熟后，树冠喷施 10～100 毫克/千克赤霉素，每隔 7～10 天 1 次，连续喷布 1～2 次，可不同程度减少翌年花量，甚至使翌年完全无花。

（2）修剪。春芽萌动前，短截部分一年生营养枝，疏除部分较弱枝组，可减少树体花量，增强营养生长。

（3）疏蕾、去花枝。现蕾期及时抹除部分花蕾或抹去部分花枝或短截带花蕾的枝梢等，均可有效减少花量。

（二）脐橙的开花结果

1. 结果母枝与结果枝

（1）结果母枝。着生结果枝的枝梢统称为结果母枝，脐橙的春、夏、秋梢只要健壮充实，都有可能成为结果母枝；春秋、夏秋梢二次枝及二年生以上的多年生枝，都能抽生结果枝。在同一株树上各种结果母枝的比例常随气候条件、品种、树龄、生长势、结果量和栽培管理情况而变化。四川、重庆的成年脐橙树以春梢结果母枝为主，少量以二次梢即春秋梢为结果母枝。赣南脐橙幼龄结果树以秋梢母枝为主，随着结果年龄的增长，营养生长和生殖生长趋于平衡，春梢结果母枝和秋梢结果母枝所占比例相当，盛果期、衰老期后则以春梢结果为主。陈蔓芬（1990）研究纽荷尔、朋娜、清家等脐橙品种发现，结果母枝均以10～15厘米长、直径0.3～0.4厘米粗的中庸结果母枝坐果率最高。通过对不同方位结果母枝研究发现：斜生母枝所抽生的结果枝着果比例最高，水平母枝次之，下垂母枝和直立母枝均较低。

（2）结果枝。由结果母枝顶端一芽或附近数芽萌发而成。结果枝分为有叶结果枝和无叶结果枝两大类，主要有叶顶单花枝、有叶腋生花枝、有叶丛生花枝、无叶顶单花枝、无叶丛生花枝5种。

不同的结果枝种类，结果能力是不同的。有叶花枝结果能力最强，占90%以上；无叶花枝着果能力最差，不到10%。在有叶结果枝中，又以腋生花枝着果能力最强，占47.89%；顶单花枝次之，占44.36%；丛生花枝最差，占1.01%。腋生花枝所结果实，果形美观，脐小，不易裂果，在各种结果枝中果实品质也最佳。据研究：有叶结果枝上的叶片在花后4～6

周期间，对着果是非常必要的，能够作为光合产物的输出源，为果实生长提供部分养分。同化物流入果实受抑制不一定归因于有叶花序的叶片消耗了同化物，尽管花序上叶片分化延迟了花的发育，但是叶片转绿后又有利于花、果的生长。因此，有叶结果枝比无叶结果枝着果能力强。在花芽分化期间，采用根外追肥等措施，提高植株营养水平，从而提高有叶花枝比例，在生产实践中有重要意义。

2. 脐橙的花器官及花期

（1）花及附属器官。脐橙的花是不完全花，一般由花梗、花萼、雄蕊、雌蕊和蜜盘等构成。花冠较大，由 4～6 个花瓣组成，白色，大而肥厚，革质，成熟时反卷，表面角质化有蜡状光泽。萼片大，深绿色，呈杯状，紧贴附在花冠基部，先端突出，通常分成 5 裂，外侧表皮有油胞和气孔。雄蕊 15～30 个，花丝通常 3～5 个在基部联合。花粉囊中没有花粉粒，在植物学上是绝对的雄性不育。雌蕊的柱头较大，表皮细胞变形为乳头状突起的茸毛，当外来健全花粉萌发后，可伸长下达子房，与心室中胚珠结合，有时可能产生少数无性胚种子。

（2）花期。脐橙开花期的迟早、长短依种类、品种和气候条件而定。例如，赣南脐橙（纽荷尔）在 4 月上、中旬开花，整个花期 15～20 天；赣南早脐橙（纽荷尔芽变）在 3 月中旬至 4 月初开花，整个花期大约 20 天；纽荷尔在重庆 4 月中、下旬开花，整个花期 20 天左右。同一地区同一品种因树势强弱和开花期的温度、水分条件而异。树势强、有叶结果枝较多、低温阴雨，则花期迟而长；高温晴朗或树势弱、无叶结果枝多，则花期早而短。山地与平地花期也略有差异，不同年份花期能相差 1～2 周。

3. 脐橙的落花落果

（1）落花落果。脐橙花量大，坐果率低，很多花、果在现蕾期、花期及幼果期大量脱落。一般而言，一株三年生脐橙树有 500～3 000 朵花，八年生脐橙树有 36 000～64 000 朵花，十年生脐橙树有 36 000～55 000 朵花不等。据美国 Erickson 调查，22 年生华盛顿脐橙花量为 198 693 朵/株，自然坐果率仅 0.2%（其中落蕾占 48.5%，落花占 16.7%，带果梗幼果脱落占 31.4%，自蜜盘处脱落幼果占 3.2%），即脐橙 500 朵花中，可能只采收到 1 个果实。Ruiz 计算了华盛顿脐橙每周落果占每周初始未落果的比例，发现落果有两个高峰，分别为花后第二周，约 65% 的果实脱落；第二个高峰出现在花后第八周，约 60% 的果实脱落。

（2）落花落果种类。根据花果脱落时生殖器官的发育程度，可分为落蕾、落花、落果 3 种。落果又可分为第一次生理落果——幼果带果梗脱落，第二次生理落果——幼果不带果梗从蜜盘处脱落，夏季落果——脐黄落果，夏秋落果——裂果落果 4 种类型。

①第一次生理落果。通常在植株谢花后不久，往往子房不膨大或膨大后就变黄脱落，出现第一次落果高峰，即在果柄基部断离，幼果带果柄脱落，亦称第一次生理落果。

②第二次生理落果。在第一次生理落果后 20 天左右，子房和蜜盘连接处分离，幼果不带果柄脱落，出现第二次落果高峰，亦称第二次生理落果。

③脐黄落果。脐黄落果是夏季落果的主要类型，通常分为生理性脐黄、病理性脐黄和虫害脐黄 3 种。生理性脐黄多为营养失调和内源激素不平稳，导致次生小果黄化，果实脱落。生理性脐黄与品种、树势有关，朋娜生理性脐黄落果比纽荷尔重，罗伯逊脐橙的脐黄落果也较严重，脐小、闭脐的品种（品系）脐黄落果较轻。树势强的脐橙树脐黄落果较树势弱的脐橙树少。据调查：强树、中庸树、弱树脐黄率分别为 4.26%、16.03% 和 41.67%。树龄和果实着生方位、部位也影响脐黄落果，树龄大、树冠西部和顶部脐黄果多，树冠中部和内膛脐

黄果较少。病理性脐黄主要是链格孢属和盘状孢属真菌侵染，当真菌侵染脐部后导致次生果发黄，然后次生果变黑腐。次生果的黑腐可扩展到主果，且小脐果的黑腐更容易扩展到主果，大脐果的黑腐一般不扩展到主果。虫害性脐黄是由害虫蛀食幼果引起。

防止生理性脐黄，首先应加强栽培管理，提高脐橙树体自身的抵抗能力。此外，用中国农业科学院柑橘研究所生产的抑黄酯，效果在60%～80%。使用方法是：每瓶抑黄酯（10毫升）加水300～350毫升摇匀，在第二次生理落果刚开始时涂脐部（只涂脐部），湿润为止。对病原性和虫原性脐黄严重的，在抑黄酯稀释液中加多菌灵、硫菌灵等杀菌剂和敌百虫等杀虫剂一起涂脐部。杀菌剂和杀虫剂的使用浓度比叶片喷雾使用的浓度大3～5倍。据湖北秭归县周凡介绍，脐黄初期用50～100毫克/千克的2,4-D，加250～50毫克/千克的赤霉素液涂脐部1～2次，可使轻微发脐黄果转青，但对脐部严重黄化的果实无效。

④裂果落果。由裂果引起落果是各脐橙栽培区反映最严重、最普遍的夏—秋落果的主要类型。裂果产生的原因固然与脐橙果实特殊结构有关，但外界不良条件也是影响脐橙裂果的重要因素。如久旱后遇较大降水，或秋旱期间人为大水漫灌；土壤贫瘠，酸性强，保水节肥能力差，轻微干旱即引起缺水、缺肥；土壤有机质含量低，钾、钙不足，某些微量元素缺乏；病虫为害，特别是柑橘炭疽病为害；不合理耕作及粗放管理等。要有效减轻裂果造成的损失，防止土壤水分急剧变化是关键环节。主要措施：

第一，加强土壤管理。增施有机质肥料，增加土壤有机质含量，改善土壤理化性状，提高土壤的保水性能。夏秋干旱季节来临之前，浅耕树盘松土，用杂草或绿肥覆盖树盘保墒，减少土壤水分蒸发。

第二，适时灌水。夏秋干旱季节以 10 天为一周期，若在这个周期内没有 10 毫米以上的自然降水，应及时进行一次充分灌水，每株树灌水 30～40 千克或滴灌 3～5 小时。

第三，调节树体营养。6 月中下旬土壤增施钾肥和钙肥，或在 6 月底开始树冠喷布 0.3％～0.5％硫酸钾 2～3 次。也可喷布硝酸钾与氨基酸钙、腐殖酸钙或硝酸钙的混合液 2～3 次，以提高果皮强度。

第四，喷布植物生长调节剂防裂果。在裂果高峰发生前 1 个月左右，对裂果较严重的品种（系），可在幼果的细胞分裂期用 30～50 毫克/千克赤霉素喷布果实，或用 100～200 毫克/千克赤霉素涂抹果实脐部。

第五，及时防治病虫害。夏秋季高温的脐橙园，雨水、露水常会流入脐橙果实脐部，如防治病虫不及时，极易受害，使果皮组织坏死而发生裂果。据调查，被介壳虫、锈壁虱等为害的脐橙果实，裂果比正常果容易发生。

第六，使用抗旱能力较强的砧木，能一定程度上减轻裂果，如枳。

（3）落花落果原因。影响脐橙落花落果的原因较为复杂。果树的开花结果过程，包括花粉和胚囊的形成，授粉受精，胚和胚乳的发育，都必须保证正常通过，才能正常着果，凡影响这三个过程或其中任何一个过程正常通过的内、外因素，都会加重落花落果。

①没有受精或受精不良。花粉和胚囊败育是大多数脐橙品种自然坐果低的内因，华盛顿脐橙 96％以上的花和蕾均在第一次高峰脱落，属未受精花发育不良所致。

②花器官发育不良。花芽分化时如果养分不足，病虫害为害严重，水分过多或过少，或者通过人工促花后，管理不善，都可能形成很多不完全花或畸形花，这些花结果能力差，自然脱落。调查落蕾落花时发现，大量落去的花蕾，有相当部分的

小型花、退化花和畸形花，均是发育不良的花。

③营养状况不良。脐橙花和果实发育不良会导致大量的落花落果，造成减产和树体养分损耗，而矿质元素的缺乏是其中重要的因素。据中国农业科学院柑橘研究所脐橙丰产栽培小组观察，营养状况好的植株，营养枝和有叶花枝多，脐橙的坐果率可达 1.5％以上。而营养不良的衰弱树，营养枝和有叶花枝均少，坐果率在 0.5％以下，甚至是只开花不结果。

④树势。树势强弱不同的树，花量差异较大。树势中庸的脐橙树，生长和结果较平衡，开花消耗营养较少，供给幼果的营养较充足，从而坐果率较高，单株产量多。弱树花多，营养消耗多，幼果因养分不足而脱落，使坐果率低。

⑤内源激素失调。单性结实的脐橙主要靠子房产生激素促使幼果膨大，若子房产生的激素量不足，更易发生落果。脐橙果实能产生生长素、赤霉素、脱落酸等内源激素。赤霉素能促进细胞伸长，增进组织的营养活性。高浓度的赤霉素能提高树体向果实调运营养物质的能力，生长素和赤霉素对子房的作用是促进植株的代谢产物向果实运转。脱落酸抑制幼果生长和促进脱落，当果实或果梗内所需激素不足时，脱落酸含量会超过生长素和赤霉素，引起离层形成，从而导致落果。脐橙两次生理落果高峰，正是生长素下降的两次低峰。采用赤霉素作局部处理，能使子房生理活性加强，形成吸收营养中心，与幼叶争夺养分，有效地减轻落果。

⑥气象因素。主要气象因子包括温度、湿度、降水、日照等。据众多学者研究：脐橙坐果率与生理落果期的温度、湿度和日照等气象条件密切相关。脐橙花期和生理落果期如遇异常高温，会直接造成花蕾、花和幼果大量脱落。中国农业科学院柑橘研究所李学柱认为：高温引起生长素和赤霉素的破坏，使花和幼果中的赤霉素含量降低，造成花、幼果与叶片之间养分竞争失败而大量落果。湖南省农业科学院园艺研究所刘庚峰通

过分析 1981—1988 年的气象资料与产量的关系，发现脐橙开花坐果最适宜的温度范围是 15～20℃。不适宜的气温是脐橙落花落果的重要原因，花期、幼果期如出现长时间的高温或低温都对开花坐果不利。

空气相对湿度尤其是脐橙开花和幼果期的空气相对湿度对坐果影响大，此时如果阴天多，空气相对湿度在 85％以上，则坐果率低；在 65％～70％，则坐果率高。但如果空气相对湿度低，温度又高，则可能造成严重的异常落果。

⑦光照不足。成年脐橙园枝叶交叉，树冠郁蔽，树冠内膛枝叶光合效能低，成花不良或因有机营养物质缺乏也会加重落果，影响坐果率。

（三）果实的生长发育

1. 果实结构　脐橙果实为柑果，由子房发育而成。主要由果皮、砂囊等构成。

（1）果皮。果皮分为外果皮、中果皮和内果皮，其中外果皮由子房的外壁发育成，富含油胞，故又称油胞层。中果皮由子房中壁发育而成，又称白皮层。内果皮由子房的心室发育成囊瓣，囊瓣的皮称为囊衣。

外果皮：由角质化的细胞组成，散布许多发育完全而稍凸出的气孔。表皮下有富含色素体的薄壁细胞的皮下层，紧贴薄壁细胞的是含油腺的油胞层，含有更多的色素体。色素体长期使果实保持绿色，成为糖的制造中心，成熟时转成黄色或橙色。

中果皮：由排列紧密的薄壁细胞组成，当果皮成熟时，出现不规则的网状组织，形成大的细胞间隙，薄壁细胞逐渐消失，形成了成熟的维管束。到果实成熟时，中果皮变成海绵状组织，假如营养和气候适宜，将愈长愈松，出现裂痕，较易剥离。

内果皮：脐橙的内果皮又称囊衣，最初是排列紧密的单层细胞，以后与中果皮细胞相连，延长加厚，构成一个薄壁，包裹着整个砂囊。

（2）砂囊。由果皮内侧和砂囊原基发育而成，充满整个心皮，呈肉质囊状，具有丰富的果汁，是食用的主要部分，它的发育程度与果实品质有关。

（3）脐。脐橙果实成熟时，脐已分化到相当程度，可以说是具体而微小的"小果"，只是分化还不够完全而已。整个脐，有的包蔽在果皮内部，只在顶部留下一个花柱脱落后露出的脐腔，叫"密脐"；有的部分凸出果皮，叫"开脐"。

2. 果实的生长发育

（1）果实的生长发育规律。脐橙果实的生长与其他柑橘品种（系）一样，生长曲线呈 S 形，全年共有两个明显的生长高峰。在第二次生理落果开始时的 5 月下旬至 7 月上旬，果实纵径、横径增长迅速，出现第一次果实生长高峰。这一次生长高峰果实纵径的增长速度明显大于横径的增长速度。第二次果实纵径、横径增长高峰期出现于 8 月上旬至 9 月下旬，果实横径的增长速度大于纵径的增长速度。以后果实膨大速度较为缓慢，直到果实成熟前仍在膨大，只是速度减慢，实际增长率不大，没有明显地出现第三次高峰。

（2）影响果实生长发育的因素

①营养条件。脐橙果实的生长发育，实质是细胞分裂、分化和膨大的过程。这个过程的初期需要大量的氮、磷、钾和碳水化合物，这些养分可以由树体贮存直接供应，也可以通过施用氮、磷、钾肥加以补充。因此，开花前后施稳果肥对促进着果和果实生长发育有明显效果。果实第二次膨大高峰，即细胞膨大后期，汁囊含水量迅速增加，糖也开始逐渐增加。果实对无机营养和有机营养的要求更高、更迅速，尤其是氮、磷、钾等营养元素更为明显。所以，在生产管理当中，应根据不同时

期果实发育特点及需肥规律，及时补充各种营养元素，有利果实的生长发育。

②水分条件。水是脐橙果实生长发育的必要条件，水分不足，果实发育缓慢，甚至停止。据赣州市柑橘研究所观察：1984年雨量充沛，分布较为均匀，伏旱季节短（20天，出现在7月10～30日），秋旱出现迟（23天，出现在10月21日至11月13日），对果实的生长发育非常有利。5～6月降雨313.2毫米，空气湿度在80％左右，加上气温上升较快，明显出现第一次果实生长高峰，实际增长2.0厘米×2.1厘米（横径×纵径）。7月中、下旬出现了连续20天伏旱，相对湿度较低，此时果实生长缓慢。8～9月降雨176.3毫米，相对湿度急剧上升，果实生长出现第二次高峰，实际增长量1.5厘米×1.4厘米（横径×纵径）。10月以后，雨量适宜，无明显干旱，相对湿度保持在75％以上，果实膨大近乎匀速增长。

③气温。脐橙果实的前期增长与日平均温度呈显著正相关。随着日均温的上升，生长速度加快，出现第一次果实生长高峰。以后随着日均温的变化，有一个比较缓慢的生长期。在亚热带，只要不是特殊年份，不出现异常高温天气，温度均在果实生长发育适宜范围内。在这个生长发育适宜范围内，限制脐橙果实生长的不是温度，而是水分，只要水分供应充足，果实不会出现明显的缓慢生长期或停止生长。

④日照。日照对果实生长发育和成熟有明显的影响。在树冠的不同方位，由于日照等条件的差异，果实的发育和成熟有明显的差异。树冠中、上部光照条件好，营养条件亦处于优势部位，果实比较大，成熟较早，品质好；中、下部光照条件较差，尤其是荫蔽处，果实较小，成熟推迟，着色稍差，酸度大。

⑤外源激素。使用外源激素能显著影响脐橙果实的生长发育。幼果期采用 GA、BA 处理，能刺激果实迅速生长；果实

成熟季节使用 2,4-D 能延缓果实的衰老过程，从而起到留树贮藏的功效；果实用乙烯处理，能加速成熟，提早上市。

二、花果管理

（一）疏花疏果

在脐橙树花果过多时，消耗树体营养极大，抑制新梢生长，易形成大小年，使树势衰弱，甚至因结果过多而死亡。正确实施疏花疏果技术，可控制坐果数量，减少养分损耗，从而改善果实的生长条件，提升果品品质。

1. 适宜挂果量的确定　在一定载果量范围内，一般产量与留果量成正相关，即挂果越多，产量越高。但是，如果单株留果过多，则果实偏小，产量增长并不明显。留果量应根据树势、历年产量、脐橙园的栽培管理水平等来确定。

2. 疏花、疏果的时间和方法　疏花、疏果的时间应尽可能提早，以减少养分的无效消耗。在赣南，仍以人工疏花疏果为主要措施。

（1）疏花。疏花一般在现蕾至花蕾膨大期进行。此期可进行花前复剪，酌情疏除部分花蕾。强枝适当多留花，弱枝少留或不留；有叶单花多留，无叶花少留或不留；摘除畸形花和病虫花。

（2）疏果。疏果应以叶果比为标准，一般脐橙 45～60 片叶留 1 个果。因树龄、树势不同，疏果标准也不同。壮树疏果宜少，弱树宜多；大年树宜多疏果，小年树少疏或不疏。疏果时先摘去病虫果和畸形果，再摘小果，最后摘内膛果。

疏果时期在生理落果停止后到采收前均可进行，但以第二次生理落果结束后的疏果为主。因此，第二次生理落果结束后，首先应疏除小果、病虫果、畸形果、密弱果、机械伤果等，保留大小生长一致，发育正常的幼果。

（二）保花保果

在一年的生长发育周期中，脐橙树可能出现多次落果，即第一次生理落果、第二次生理落果、脐黄落果、采前落果等。因品种特性、病虫为害、不良气候影响、肥水条件不能满足柑橘树生长发育的需求时，落果会显著增加，对产量的影响很大。因此，保花保果是提高产量的重要技术环节，关键在于加强果园的肥水管理，培养健壮的树体。目前，保果技术已取得巨大突破，其主要原理是吸引或促进树体养分流向果实。脐橙的主要保花保果的措施如下：

1. 春季追肥 春季脐橙处于萌芽、开花、幼果细胞旺盛分裂和新老叶交替阶段，消耗大量贮藏养分。而此阶段土壤温度较低，根系吸收能力较差，追肥应以速效肥料为主。可采用浇施腐熟人畜粪尿加尿素、磷酸二氢钾，或降雨之前地面撒施尿素、磷酸二氢钾、复合肥等。结合病虫防治，花期叶面喷施硝酸钾、尿素、磷酸二氢钾等补充树体养分的不足。研究表明：速效氮肥土施后需 10～15 天才能运至幼果，而叶面喷布仅需 3 小时。花期根外追肥后，花中含氮量显著增加，幼果干物质和幼果直径明显增加，坐果率提高，是补充树体养分的有效方法。

2. 抹除部分春梢 在脐橙春梢生长时，抹除部分春梢营养枝，减少春梢生长对养分的消耗，有较好的保果效果，特别是对长势偏旺的树，保果效果很明显。抹除的时间越早越好，最迟也要在开花前抹除。

3. 控夏梢 夏梢抽发期为 5～7 月，与脐橙果实生长发育期重叠。如果夏梢大量抽发，将消耗大量养分，引发梢果矛盾，导致果实脱落，产量降低。抹除部分零星的早夏梢，一是减少新梢生长对养分的消耗，避免与幼果抢夺养分，有较好的

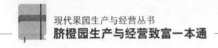

保果效果；二是有利于木虱的防治。

4. 修剪 在夏季和冬季进行合理的修剪可调控花果量，实现营养生长与生殖生长协调平衡，减少因枝果矛盾造成的落花落果和树体早衰，这是保花保果的一项重要措施。

5. 环割和环剥 环割和环剥是非常有效的保果措施，从盛花期起到第二次生理落果前都可进行。坐果率低的品种、花量大的树宜早，坐果率高的品种宜迟。环割和环剥主要通过韧皮部的暂时被切断（15～30天），使茎尖和幼叶中的生长素及赤霉素被分向运输到花朵或幼果中，提高花朵和幼果的吸收养分、水分的能力。

6. 营养液保果 营养元素与脐橙坐果有密切联系，如氮、磷、钾、钙、镁、锌等元素对脐橙坐果率的提高有促进作用。脐橙开花时，特别是花多的，消耗氮多，易造成花粉萌发后花粉管在花柱中不能顺利地伸长生长，从而影响正常的受精过程。谢花后若不及时补充氮肥，易造成幼果发育养分供应不足，引起生理落果。

生产实践中，采用 0.2%～0.3%尿素＋0.2%磷酸二氢钾＋0.1%～0.2%硼砂混合液，在盛花期叶面喷施 2～3 次或者在初花期、谢花期和幼果期叶面喷施腐殖酸类营养液，也有相当好的保果效果。有研究表明：含腐殖酸的营养液，在花谢 2/3 时、幼果期、第二次生理落果结束后的 6 月中旬叶面喷施，纽荷尔脐橙树的坐果率可达 3.81%。

7. 激素保果 脐橙属单性结实，果实无核，由子房壁代替种子产生生长素，供给果实生长发育。生长素供应不足，极易大量落花落果。人为补充外源生长激素是提高坐果率、增加产量的一项重要措施。用于脐橙保花保果的外源激素主要有细胞激动素（BA）、赤霉素（GA_3）。

细胞激动素和赤霉素均能有效防止脐橙的第一次生理落果，但细胞激动素的效果好于赤霉素。防止脐橙的第二次生理落果，赤霉素有良好效果，但细胞激动素基本无效；应用BA＋GA₃则对防止两次生理落果均有良好的作用，且效果好于单独使用。因此，应根据不同品种的两次生理落果特点，选择合适的保果药剂。

三、果实采收

脐橙果实生长发育到一定时期后即需采收，而适时采收和良好的采收方法直接关系到采后果实的贮藏寿命和生产者的经济效益。因此，充分认识采收环节的重要性和掌握正确的采收技术，是脐橙丰产增效的重要环节。

（一）适时采收

1. 成熟度指标 脐橙果实采收的成熟度指标，通常以果皮色泽、可溶性固形物含量以及固酸比等进行判断，果汁含量可作为参考指标，具体参照中华人民共和国农业行业标准NY/T 426—2012。

2. 采收适期 脐橙果实的采收适期，应根据果实的成熟度、用途、市场要求等因素确定。鲜销果应在果实充分成熟，表现出本品种固有的品质特征时采收。过早采收的脐橙果实，可溶性固形物含量低，风味偏酸，果皮色泽欠佳。贮藏用果实宜适当早采，如果过迟采收，由于果实已经进入衰老阶段，抗病性和耐贮性大大下降，贮运期间很容易发生病变和腐烂。有条件的脐橙园，可在果实开始转色后每隔15天定期采集有代表性的样品，进行可溶性固形物含量、可滴定酸含量等指标的分析测定，同时观察果实色泽的变化情况，以掌握果实的成熟期，从而确定采收适期。

（二）精细采收

1. 采收前的准备

（1）制定采果计划。为了保证采收工作顺利进行，在采果前应制定好采果计划。如确定采收适期、劳动力数量，采果和运输工具准备、包装材料的准备等，以使采收工作有条不紊。

（2）采果工具。采果剪及手套。脐橙果实采收需使用专业的采果剪。采果剪先端必须为圆头，且刀口锋利、合缝，能使剪下的果梗平整光滑，不发生抽心现象。在采果时，指甲很容易划伤果皮油胞而导致病菌感染，加剧果实腐烂，在采果前应准备足量的手套供采果人员采果时使用。

采果篓。采果篓用竹篾或荆条编制而成，内衬垫棕片或厚型塑料薄膜，以保护采下的果实免受擦伤。

周转箱。周转箱以塑料制品为佳，既轻便、牢固、耐用，且内壁光滑。每箱可装果 30～40 千克，可多层堆放，运输量大。空塑料箱可以重叠存放，占用体积小，搬运也方便。

2. 采收 采果宜在晴天、果实表面露水干后进行。凡遇降雨、雾未散、刮大风天气以及雨后树体水分未干时，均不宜采果。

果实采收应遵循由下而上，由外到内的原则。先从树的最低和最外围的果实开始，逐渐向上和向内采摘。采时，一手托果，一手持采果剪，为保证采收质量，通常采用"一果两剪"法，即第一步带果梗剪下果实，第二步齐果蒂剪平。

在采摘和运输过程中，应轻拿轻放，防止挤压、碰撞，减少翻倒次数，从而减少果实损伤。

四、脐橙的简易贮藏保鲜

脐橙虽为鲜食品种，但通过贮藏保鲜可有效调节供应，错峰销售。但脐橙果实是非呼吸跃变型水果，不管采用何种贮藏保鲜方式，都有贮藏极限，不能指望依靠贮藏保鲜来过度延长贮藏保鲜时间，达到周年供应的目的。我国柑橘产区在长期的生产实践中，创造和积累了柑橘鲜果贮藏保鲜的宝贵经验，如松针缸藏、地窖贮藏等已有很长的历史。

（一）影响脐橙贮藏保鲜的因素

1. 采收成熟度　果实的成熟度与贮藏保鲜的效果是成反比的，采收时成熟度越高，果实贮藏过程中腐烂率及损耗率越高，成熟度稍低的果实贮藏过程中腐烂率和损耗率都较低。赣南产区一般贮藏保鲜用果品基本都在 11 月上旬采摘。过早采摘的果实，贮藏后色泽较淡，因本身可溶性固形物含量不足而风味差，质地绵韧，严重影响果实品质。

2. 果径大小　果实直径大小也影响贮藏保鲜的效果。用于贮藏保鲜的果实，最好是 80 毫米以下的小果径果实，80 毫米以上大果径果实贮藏后易出现枯水现象。

3. 机械损伤　脐橙果实在采收、分级、包装和运输过程中造成的机械损伤，易引发油斑病，出现青霉病、绿霉病，造成严重损失。

4. 贮藏期间的环境条件　贮藏期间的环境条件，直接影响到脐橙果实的贮藏。适宜的环境条件，有利于脐橙果实的贮藏。主要的环境条件有温度、相对湿度和气体成分等。

（1）温度。在一定的温度范围内，温度越低，果实的呼吸强度越小，呼吸消耗越少，果实较耐贮藏。因此，在贮藏期间维持适当的低温，可延长贮藏期。但温度过低，易发生"水肿"病。温度过高，也不利于贮藏，尤其是当温度在 18～26℃时，有利于青霉病、绿霉病病菌的繁殖和传染。故贮藏期间的温度应控制在 3～5℃为宜。

（2）湿度。贮藏环境的相对湿度，直接影响到脐橙果实的保鲜。湿度过小，果实水分蒸发快，失重大，果皮皱缩，品质降低；湿度过大，果实青霉病、绿霉病发病严重。通常，脐橙果实贮藏环境中相对湿度控制在90%～95%为好。

（3）气体成分。脐橙果实贮藏过程中，适当地降低氧气含量，增加二氧化碳的含量，可有效地抑制果实的呼吸作用，延长贮藏期限。空气中二氧化碳的含量过低或过高，易发生水肿或干疤等生理性病害，不利于贮藏。二氧化碳浓度控制在3%～5%的范围较为合适。

（二）简易贮藏保鲜方法

脐橙果实贮藏保鲜方法很多，随着科学技术的进步，贮藏保鲜的方法也不断创新。常用的商品性贮藏有地窖、通风库和冷库，但这些方法需要特定的条件，耗资较大，一般家庭不易做到。现就简易库房贮藏方法作一简单介绍。

1. 库房准备　一般的普通住房即可，但最好是东西走向，南边有树木蔽日，北边比较空旷，窗户南北方向对开。果实入库之前2～3周，库房及所有贮果筐应进行彻底的清扫消毒。砖木结构或土坯房，可用硫黄燃烧熏蒸消毒，或用40%福尔马林40倍液全面喷洒消毒。

2. 防腐保鲜处理　采下的果实，剔除病虫严重为害果和损伤果，24小时内必须进行防腐保鲜处理。

常用的防腐保鲜剂：2,4-D＋硫菌灵或多菌灵，或选用专用保鲜剂。2,4-D的使用浓度为200～250毫克/千克，硫菌灵和多菌灵的浓度为500～1 000倍液。专用保鲜剂参照使用说明。

3. 通风预贮　保鲜剂浸泡清洗的果实，需要在阴凉通风条件下预贮发汗3～4天，待果皮稍软，即可用单果保鲜袋单果包装，然后装箱入库。

预贮发汗的作用主要是：

（1）愈合伤口。果实在采摘和转运过程中，难以避免损伤，通过预贮，可使受轻微机械损伤的细胞半木栓化而愈合，从而阻止病菌侵入，延缓果实衰老。

（2）预冷。果实刚采下之初的果温较高，一则呼吸强度大，营养物质消耗加强，导致果实贮藏寿命缩短；二则蒸腾作用强，水分蒸发使气体代谢旺盛，造成库内或包装容积内温度过高、湿度大，这种环境有利于病菌繁殖，引起果实腐烂。通过预贮，可降低果实的温度，减弱呼吸强度和蒸腾作用，避免果实腐烂和衰老。

（3）软化果皮。刚离开树体的果实表皮细胞含水很多，通过适度预贮使果皮失水增加，气孔收缩、减小果皮开张度，降低贮藏中后期果实的失重，同时削弱果皮的生理活性，导致果实呼吸速率下降，呼吸消耗减少。

4. 入库后的管理 贮藏保鲜效果的好坏，与贮藏期间库房管理是否周到密切相关。果筐内果实不宜装得太满，避免果筐叠放时压伤果实。果筐应顺着窗户对开方向堆码呈"品"字形，四周不靠墙，有利于通风。中间应留通道，便于检查时通行。不用果筐而散堆的，地面先铺设 10 厘米厚的稻草，然后堆果。果堆不能堆放过厚，以 50 厘米左右为好，最多不超过70 厘米，以免底部果实因受压过重而损伤。在果堆中间适当的地方反扣若干个果筐，以起通风散热作用。也应留下通道便于检查通行。

贮藏初期，即果实进库后的前 15 天，库房以降温排湿为主。除雨天、重雾天气外，应打开门、窗通风，尽快排除果实"田间热"和水汽。同时，应勤检查翻果，尽早剔除伤果和腐烂果。

贮藏中期，即 12 月至春节期间，外界气温较低，库房以保温为主，可紧闭门窗，使之稳定。

贮藏后期，即开春以后，室内温度随着外界气温的回升而增高，且变化较大，库房以降温为主，尽可能引入外界冷空气加以调节。库房应做到日落开窗、日出关窗。同时要勤检查，及时拣出干疤果和烂果。

（三）脐橙贮藏期间的主要病害及预防

1. 真菌性病害

（1）绿霉病。病原为绿霉病菌，一般从采收时所造成的伤口处或果蒂部开始发生。初期果面出现水渍状淡褐色小圆斑，病部组织软腐，后迅速扩大，表面皱缩，病部中央逐渐长出白色霉状物，不断增厚并向周围扩大蔓延。病部边缘水渍状，但不规则。病果与包装物接触处相黏合，不易分离。

主要防治方法：①采果前，喷布一次杀菌剂，以减少病源；②果实进库前做好库房的消毒；③采果、搬运过程中尽量避免机械损伤；④采收的果实及时进行保鲜处理；⑤采用单果包装，减少病、健果之间的传染。

（2）青霉病。病原为青霉病菌，从伤口侵入。初期为水渍状淡褐色的圆形病斑，随后果实腐烂，2～3日后病部产生白色霉状物，斑点状松散分布在病部，随后中间部位白色霉状斑转变成灰蓝色，并不断向周围扩大蔓延并加厚。病部边缘水渍状，规则而明显。腐烂速度较慢，病果与包装物接触处不相黏合，容易取出。

防治方法同绿霉病。

（3）蒂腐病。又名褐色蒂腐病。病原为柑橘树脂病菌。发病多在果蒂部位开始，初呈水渍状腐烂，圆形斑，黄褐色，并逐渐向果腰部扩展。后变为褐色至深褐色，病部果皮革质，有韧性，手指轻压不易破裂。病部边缘呈波纹状，在向脐部扩展中，果心腐烂较果皮快，当果皮变色扩大至果面的 $1/3～1/2$ 时，果心已全部腐烂，因此又称"穿心烂"。

防治方法可参照柑橘树脂病的防治。

2. 生理性病害

（1）褐斑病。褐斑病又名干疤病。病斑多发生在果蒂周围、果肩或果腰处。初期果皮出现浅褐色不规则斑点，后病斑扩大、颜色变深，病斑处油胞破裂，干缩凹陷、硬革质状，可深达白皮层甚至果肉。病果果皮与果肉不易分离。

主要防治方法：贮藏用果采收时间适当提早，采收过程尽量减少机械损伤；采用塑料薄膜单果包装；维持适宜的贮藏温度和湿度，有利于降低褐斑病发生率。

（2）枯水。枯水是柑橘类果实在成熟和采后贮藏过程中普遍发生的一种生理性病害，主要表现为果实重量减轻，汁胞膨大、变硬、木质化，呈灰白色，出汁率下降，营养物质含量急剧下降，严重者丧失食用价值。

影响果实枯水的因素主要有：

品种：不同品种发生枯水的情况不同，葡萄柚、橘柚、柠檬和来檬不易枯水，而宽皮柑橘和甜橙易枯水，特别是果皮粗糙、白皮层厚、结构松散的品种。Sharma 等研究发现：卡拉卡拉、莫三鼻甜橙、血橙、伏令夏橙等易枯水。

树龄和树势：树势强壮果树的果实比生长势弱果树的果实枯水少，粗皮大果比光滑细皮果更易枯水，着生在树冠顶部、向阳面的果实容易发生枯水。

授粉和种子：适当配置授粉树，既可提高产量、改善品质，又可减轻果实发生枯水。Awasthi 等发现一些甜橙品种，枯水程度和种子数呈极显著负相关。

外界环境因素：积温较高和经常出现极端温度的年份枯水发生得多，生长在干燥地区的柑橘枯水程度要低于生长在潮湿气候下的柑橘，生长在内陆地区的柑橘枯水程度也要比沿海地区低。

采收成熟度：果实成熟度和采收期是影响果实品质和货架期的重要因素，适当提前采收可以减轻果实枯水。

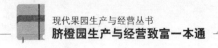

防止枯水的方法：Kotsias 研究发现，喷布 2% 氢氧化钙、1% 硝酸钾、0.5% 硫酸锌、0.5% 硫酸铜、0.5% 硫酸锌＋0.5% 硫酸镁＋0.5% 硫酸铜、100 毫克/升硼酸均能显著降低伏令夏橙果实枯水，其中以 0.5% 硫酸锌＋0.5% 硫酸镁＋0.5% 硫酸铜效果最好。Singh 等也发现，喷布 0.5% 硫酸锌＋0.5% 硫酸铜、低浓度的硼酸溶液（25、50 毫克/升）、2% 氢氧化钙均能显著降低丹西红橘果实枯水。陈昆松等报道用 4% 氯化钙浸果能显著降低胡柚果实枯水。

第六章
脐橙园主要病虫害防治与农药的科学使用

大多数脐橙产区气候温暖，雨量充沛，为脐橙生产提供了优越的自然条件，但也为病虫害的滋生创造了有利的生态环境。脐橙园病虫害种类繁多，严重影响脐橙的产量和品质，某些病虫害还威胁脐橙产业的安全和可持续发展。为了便于广大果农了解掌握，结合江西赣南和国内其他产区脐橙园病虫害发生的具体情况，系统介绍脐橙园常年需要制定防治计划进行防治的主要病虫害发生规律和防治方法。

一、脐橙园病虫害防治基本知识

（一）病虫害防治基本方法

病虫害防治是农业生产中为了减轻或防止病虫为害，保护农作物安全生长，而人为地采取经济、有效的措施。病虫害防治方法可分为植物检疫法、农业防治法、物理机械防治法、生物防治法和化学防治法五类。

1. 植物检疫法　植物检疫法是指用植物检疫手段通过检查检验，禁止或限制危险性病、虫、草人为地从外国（外地区）或者从本国（本地区）流入或传出，防止病虫害传播蔓延的方法。

2. 农业防治法　农业防治法是采用农业科学技术措施，调整和改善作物的生长环境，增强作物对病、虫、草害的抵抗力；创造不利于病虫草生长发育或传播的条件，达到控制、避免或减轻病虫草为害的方法。

3. 生物防治法　生物防治是利用生物物种间的相互关系，以一种或一类生物控制、降低病虫草害种群密度的方法。

4. 物理机械防治法　物理机械防治是应用物理因素和器械作用来消灭、干扰病虫害生长、发育、繁殖，达到病虫害防治目的的方法。

5. 化学防治法　化学防治是应用化学农药来防治病虫草害的方法。该方法具有高效、方便、经济等优点，目前仍属于防治病虫害的主要措施。但使用不当易引起人畜中毒、污染环境、产生药害、杀伤天敌、产生抗药性甚至造成食品安全问题。

（二）脐橙园病虫害防治策略

为了有效地防治病虫为害，不能孤立地、单一地采用某一种方法，而必须根据病虫的特点、栽培环境和经济条件等采用综合的防治措施。要树立科学治理病虫害的意识，全面考虑生态平衡、社会安全、防治效果和经济效益，掌握防治指标，将有害生物控制在可允许为害范围之内。因此，病虫害防治以搞好植物检疫为前提，农业防治为基础，积极开展生物、物理防治，科学、合理使用化学农药。

1. 把好植物检疫关　依法执行《植物检疫条例》，杜绝未经检疫乱调运种苗，加强外地果品入境检疫，防止危险性病虫的传入。对已有疫情的区域，采取强有力的措施，尽最大努力控制疫情的扩散或消灭之。

2. 加强脐橙园抚育管理　加强脐橙园肥水管理，适当控制氮肥，增有机肥，施磷、钾肥，培育强壮树势，增强树体抗病虫能力。通过修剪改善树体结构，确保果园通风透光，利于树体、天敌及其他有益生物的生长，抑制病虫繁育。综合应用季节性生草、翻耕培土、冬季清园、树干刷白等农艺措施。

3. 应用物理机械防治 充分利用一些害虫的趋光、趋色、趋化性，应用杀虫灯诱杀、人工捕杀、果实套袋、配置毒饵或挂性引诱剂诱杀等物理措施进行防治。

4. 积极开展生物防治 脐橙园病虫种类很多，但多数受天敌控制，只有少数会造成危害。因此，要保护利用果园捕食螨、瓢虫、草蛉、寄生蜂、座壳孢菌等天敌，通过以虫治虫、以鸟治虫和以菌治虫等生物措施来防治病虫害。

5. 精准化学防治 在综合应用上述防控措施的基础上，通过加强病虫害监测，准确掌握病虫发生期、发生量及发生区域，为化学防控提供可靠的依据。当某种病虫为害达到防治指标时进行喷药防治；少量或零星病虫发生可实行挑治；同类病虫可采取兼治。严格按照农药安全使用规定和无公害生产要求选用化学农药。

二、脐橙园主要病害及防治

（一）柑橘黄龙病

柑橘黄龙病是一种由韧皮部杆菌属细菌引起的系统性病害，为国内外植物检疫对象，主要为害芸香科植物。

1. 病害症状 受害病树叶片主要有黄绿相间的斑驳黄化、褪绿均匀黄化和缺素型黄化3种症状；枝梢有的不能转绿呈黄梢，有的呈花叶状，枝梢短、弱、脆，新叶小；病树坐果率低，果小，畸形，着色不匀，味酸，成熟期果蒂先红呈"红鼻子"果或软果、青果、花皮果。斑驳黄化和"红鼻子"果是田间诊断黄龙病的最典型症状。

2. 发病规律　初次侵染源是田间病株。远距离传播主要通过带病种苗（接穗、砧木、苗木）。果园近距离传播靠携带病菌的柑橘木虱。发病程度与田间病树量和柑橘木虱虫口密度密切相关。

3. 防治措施　①严格执行检疫措施，严禁病苗、病穗调运，是保护新区和无病区的极重要措施。②培育和使用无病毒种苗，黄龙病疫区必须在网棚等设施条件下培育无病毒苗木。种植无病毒苗木，是预防的基础。③挖除病树，清除病源。对果园经常巡查，发现病株及时挖除烧毁。砍除病树前先喷药杀木虱，规范处理树蔸，防止萌发树芽。④彻底防除木虱（见柑橘木虱防治）。

（二）柑橘溃疡病

柑橘溃疡病是由黄单胞杆菌属细菌引起的病害，为国内外植物检疫对象。

1. 病害症状　叶片受害初期，叶背出现黄色或暗绿色针头大的油渍状斑点，后逐渐扩大，并在叶片正反面隆起，病斑中央似火山口状破裂，呈木栓化。病斑多为近圆形、灰褐色，周围有黄色晕环，在紧靠晕环处常有褐色的釉光边缘。果实和枝梢上的病斑与叶片上的相似，但木栓化程度更重，开裂更明显，病斑周围有油腻状外圈，但无黄色晕环。果实病斑仅限于果皮，不发展到果肉。枝梢上病斑多数环绕枝梢聚合呈不规则形。

2. 发病规律　病菌在病叶、病枝或病果内越冬，翌年温、湿度适宜时细菌遇水从病斑中溢出，借风雨、昆虫、苗木、接穗、果实、人畜和枝叶接触传播。病菌落到幼嫩组织上，由气孔、皮孔和伤口侵入。病菌一般只侵染发育阶段的幼嫩组织，如刚抽生的新梢、嫩叶及刚谢花后的幼果，已老熟叶片、果实皆不易感染，但如果有伤口，病菌可能从伤口侵入而感染发病。根据2007—2010年调查，在赣州，春梢最早出现溃疡病为4月中旬，4月下旬开始发病，5月上旬为春梢发病高峰期；幼龄树夏梢于6月初开始发病，6月下旬至7月上旬为发病高峰期；成年结果树夏梢6月下旬开始发病，7月中旬为发病高峰期；秋梢8月中旬开始发病，下旬为发病高峰期；幼龄树晚秋梢9月中旬开始发病，10月上旬为发病高峰期。果实4月下旬至5月上旬开始发病，5月下旬病情发展较快，6月中旬至7月上旬为发病高峰期，10月以后病情基本稳定。每次新梢抽出后都有一次发病高峰，但以夏、秋梢发病重。潜叶蛾、凤蝶等食叶性害虫为害和暴风雨、台风造成大量伤口有利于病菌侵染，加重病害发生。

3. 防治措施 ①实行严格的检疫措施，严禁调运带病种苗和果实，培育和使用无病苗木，在无病区发现带病种苗立即烧毁。②结合冬季清园，彻底剪除病枝、病叶，并集中烧毁。③合理修剪，使树体通风透光，重施有机肥和磷、钾肥，少施氮肥，增强树势，使抽梢整齐强壮。④加强防治潜叶蛾和食叶性害虫，减少病菌从伤口侵入的机会。⑤喷药保护新梢和果实，新梢自剪时开始喷药，幼果谢花后10～15天喷第一次药保果。果梢保护可同时进行，药剂可选用噻唑锌、叶枯唑、农用链霉素、春雷霉素、金核霉素、波尔多液、噻菌铜等。

（三）柑橘树脂病

柑橘树脂病又称流胶病、沙皮病、黑点病、蒂腐病，是一种真菌病害。无性态为半知菌亚门拟茎点霉菌，有性态为子囊菌亚门间座壳菌。

1. 病害症状

（1）树脂病或流胶病。为害枝干后，引起皮层坏死，初期呈灰褐色或深褐色油渍状病斑，有流胶或流胶不明显，病部木质部为浅灰褐色，病健交界处明显隆起呈褐色痕带。病部皮层

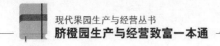

和外露的木质部上散生无数小黑粒点。

（2）沙皮病和黑点病。病菌侵害新叶、嫩梢和未成熟果实，在病部表面产生许多散生或密集成片的黄褐色至黑褐色的硬胶质小粒点，表面粗糙，略为隆起，很像粘附着许多细沙。

（3）褐色蒂腐病。主要发生在成熟果实上，果实采摘后，特别在贮运过程中发生较多。病害症状详见贮藏期病害中的褐色蒂腐病。

2. 发病规律　病菌主要以菌丝体和分生孢子器在树干病部及枯枝上越冬。越冬后分生孢子器产生分生孢子随风雨和昆虫等传播。病菌在温度 23～28℃、高湿或有水膜的情况下非常容易侵染。病菌是弱寄生菌，在树势生长衰弱或受伤的情况下才易侵入为害。遭受冻害、修剪过重、树干裸露、夏季灼伤等易引起树脂病大发生。该病靠分生孢子进行重复侵染。贮运期间，常由于高温、多湿促使附在果皮特别是果蒂上的病菌孢子萌发，易引起严重的蒂腐病。

3. 防治措施　①加强栽培管理，增强树势，合理整形修剪，预防枝干外露和夏季灼伤，有冻害区域要提早防冻。②刮除病组织，剪除病枯枝，伤口涂药治疗和保护。涂药可选用：波尔多液浆、甲基硫菌灵、硫酸铜。③抓住冬季清园、谢花 2/3、4～5 月幼果期和 9 月果实膨大期进行树冠喷药。药剂可选用波尔多液、退菌特、代森锰锌（大生 M-45）＋机油乳剂、代森锰锌＋氟唑硅或丙环唑或苯醚甲环唑。

（四）柑橘炭疽病

柑橘炭疽病属真菌病害。

1. 病害症状

（1）叶片症状。有慢性型炭疽病和急性型炭疽病。慢性型炭疽病多发生在老叶上，从叶缘或叶尖开始发病，病斑初期为黄褐色，后期灰白色，边缘褐色或深褐色，病健分界明显。在天气潮湿时，病斑上出现许多朱红色黏性液点。干燥条件下，病斑上有散生或轮纹排列的黑色小粒点。急性型炭疽病多发生在嫩叶上，病斑初为萎蔫状，呈暗绿色，像被开水烫过，病健处边缘不明显，后变为淡黄色或黄褐色。叶片很快脱落，有朱红色小粒点。

（2）枝梢症状。多自叶柄基部的腋芽处开始，病斑初为淡褐色，椭圆形，后扩大为梭形，灰白色，甚至有黑色小粒点，病部环绕枝梢一周后，自上而下枯死。嫩梢发病一般表现为急性型炭疽病。

（3）花朵症状。开花后雌蕊先发病，常表现褐色腐烂而落花。

（4）果实症状。幼果发病，初期为暗绿色不规则病斑，病部凹陷，其上有白色霉状物或朱红色小液点，后扩大至全果变黑。大果受害，有干疤型、泪痕型和软腐型3种症状。干疤型以果腰部多，呈圆形或近圆形黄褐色革质病斑；泪痕型是果面有一条条如泪痕一样的红褐色小凸点病斑；软腐型在贮运期发生，从果蒂处开始呈褐色腐烂。

（5）果梗症状。果梗受害，初期为褪绿，呈淡黄色，后变为褐色、干枯，果实随即脱落，有的成僵果挂在树上。

2. 发病规律　病菌以菌丝体和分生孢子在病部组织内越冬，通过气流、雨水和昆虫传播，再从气孔、皮孔、伤口或直接穿透表皮侵入。发生严重冻害、早春低温潮湿、夏秋季高温多雨、根系损伤、偏施氮肥或树体衰弱等均能助长病害发生。慢性炭疽病一般长年零星发生，急性炭疽病在抽梢期发病多，以夏梢发病较重，果实炭疽病以谢花后的幼果期发病重。高温高湿和连续阴雨天气有利于炭疽病的发生。

3. 防治措施　①加强肥水管理，增施有机肥和磷、钾肥，及时排灌，增强树势，提高抗病能力。②结合冬季清园和早春修剪，剪除病枝、病叶，收集烧毁，消灭越冬病源。③做好防日灼、防冻和治虫工作。④抓住发病初期喷药防治。注意观察各嫩梢期、幼果期和果实膨大期等最易发病期，应早发现，早防治。药剂可选用：波尔多液、石硫合剂、甲基硫菌灵、代森锰锌（大生 M-45）、苯醚甲环唑、醚菌酯。

（五）柑橘脚腐病

柑橘脚腐病属真菌病害。

1. 病害症状　主要在主干的根颈部发病，多从嫁接口附近开始，初期病部树皮呈不规则水渍状，腐烂后散发出酒糟气味，褐色，常渗出胶液。温暖潮湿时，病斑不断向纵横扩展。向下可延至主根、侧根，向上可延至离地面 30 厘米左右的主干、主枝，横向可围绕主干一圈，最终导致植株死亡。气候干燥时，病斑干枯开裂。病树叶片初期中脉、侧脉黄化，后全叶转黄，引起落叶、枯枝。开花多，结果少，所结果实着色早，果皮粗，味酸。

2. 发病规律　病菌以菌丝体在病部，或菌丝体、卵孢子随病残体在土壤中越冬。游动孢子随水流或土壤传播，从根颈部伤口和自然孔口侵入。高温多雨、土质黏重、排水不良、主干基部受伤、根颈部栽植过深尤其是嫁接口过低、栽植过密、杂草过多或间种高秆作物等有利于脚腐病发生。一般 4 月在田间开始发病，5～9 月是发病高峰期。病害发生随树龄增长而加重，十年生以上结果过多的成年树、衰弱树及老树发病重。枳、酸橙、枳橙、枳柚、枸头橙和柚类抗病性较强，甜橙、椪柑、金橘、柠檬较易感病。

3. 防治措施　①定植时嫁接口露出地面 10 厘米以上，合理密植，改良土壤，注意排水，清除根颈部树盘杂草，防治天牛、爆皮虫等害虫为害和劳作时弄伤根颈部。②对发病树主干茎部靠接 2～3 株枳壳或酸橙实生苗，取代原有根系，对幼龄病树效果显著。③将病树根颈部土壤扒开，将腐烂的病部和已变色的木质部用刀刮除干净，再在伤口涂药保护，药剂可选用：波尔多液浆、硫酸铜、瑞毒霉、甲基硫菌灵、甲霜灵、三乙膦酸铝。伤口愈合后，再覆盖新土。

（六）柑橘黄斑病

柑橘黄斑病属真菌病害，又称脂点黄斑病和褐色小圆星病。

1. 病害症状

（1）脂点黄斑型。发病初期叶背出现针头大的褐绿小点，对光看半透明，后小点扩展为大小不一的黄褐色病斑，边缘不规则，叶背出现黄色疱疹状突点，几个或十几个群生在一起，随着叶片长大，病斑变为褐色至黑褐色的脂斑。后期病斑相对应的叶片正面亦可见到不规则的黄斑，边缘不明显。春梢叶片被害以脂点黄斑型为主。

（2）褐色小圆星型。发病初期叶片表面出现红褐色芝麻大的近圆形斑点，后扩大变成黄褐色圆形斑块，病斑中间凹陷，边缘凸起黑褐色，病健分界圈明显，周围往往有一圈黄色晕环，后期病斑中部呈灰褐色，并出现密生黑色小粒点。秋梢叶片被害以褐色小圆星型为主。

夏梢叶片为害往往同时出现脂点黄斑型和褐色小圆星型症状。枝条感病后，一般表现为长椭圆形或长条形黄色脂斑。果实病斑常发生在向阳面，初期症状为疱疹状污黄色小突粒，后病斑不断扩展和老化，颜色变深，形成脂斑，病健分界不明显。病斑仅限于果皮，不扩展到果肉。

2. 发病规律

病菌以菌丝体在病叶和落叶中越冬，翌年春季雨后释放出子囊孢子借风雨传播，黏附于新叶，发育成外生菌丝，产生分生孢子后再从气孔侵入。该病原菌生长适温为25℃左右，温暖多雨有利子囊孢子的形成、释放和传播，赣州5～6月是该病发病的高峰期。长时间干旱后降雨、栽培管理粗放、不注意清园均有利于病害发生。

3. 防治措施 ①做好肥水管理，增施有机肥，增强树势。②做好冬季清园，扫除病枝、病叶并集中烧毁，减少园内病源。③药剂防治以预防和保护为主，结果树在谢花 2/3 时、未结果树在春梢叶片展开后开始喷药防治，视病情隔 10～20 天再喷第二次药。药剂可选用：波尔多液、代森锰锌、甲基硫菌灵、多菌灵、百菌清、退菌特。

（七）柑橘疫腐病

柑橘疫腐病属真菌病害，其病菌是一种土壤习居菌。

1. 病害症状 一般从果实脐部开始出现症状，初为淡褐色圆形小病斑，似吸果夜蛾为害状，然后扩展并呈深褐色水渍状软腐。果实发病后，病斑扩展迅速，当病斑达到果面 1/3 左右时即落果，一般只需 3～5 天。病果落地后病斑继续扩展，直到整个果呈水渍状，在湿度较大情况下病部果面滋生许多白色小点即白色菌丝，后呈黑褐色，果实由外到内全部软腐。

2. 发病规律 病菌以卵孢子在土壤中越冬，一般可在土中存活多年，在温、湿度适宜时萌发产生孢子囊，随风雨传播，由果皮伤口侵入，进行初次侵染，病斑产生菌丝和孢子囊进行再次侵染。从幼果至成熟期均能侵染为害，但果实成熟期为害最重。湿度大的果园或树冠中、下部果实易发病。果实成熟期的持续降雨易引起病害大发生。

3. 防治措施 ①开沟排水，防止果园低洼积水。②加强栽培管理，合理整形修剪，剪除拖地枝，提升主干，对荫蔽果园实行间伐和疏枝，创造良好的树体结构。③疫腐病的初侵染源主要来自土壤表面，药剂防治重点要对树冠下土壤表面和树冠中、下部果实喷药。果实近成熟时如遇雨天较多或发现零星病果，及时喷药 1～2 次。药剂可选用：百菌清、代森锰锌（大生 M-45）、嘧菌酯、吡唑醚菌酯、百泰等。

（八）柑橘疮痂病

柑橘疮痂病属真菌病害。

1. 病害症状 叶片为害初期为油渍状黄色小点，随后病斑逐渐扩大，呈蜡黄色。后期病斑木栓化，多数向叶背面突出，叶面则凹陷，形似漏斗。严重时叶片畸形或脱落。嫩枝被害后枝梢变短，严重时呈弯曲状，但病斑突起不明显。花器受害后，花瓣很快脱落。谢花后不久会为害果实，开始为褐色小点，后逐渐变为黄褐色木栓化突起。幼果严重时多脱落，不脱落果变小、皮厚、味酸甚至畸形。

2. 发病规律 病菌以菌丝体在病枝、病叶上越冬。翌年春季气温升到15℃时，产生分生孢子，借风雨或昆虫传到春梢、嫩叶、花及幼果上为害。病菌侵入组织约10天即可产生分生孢子进行再侵染。20～21℃是柑橘疮痂病病菌最适生长温度。该病主要为害幼嫩组织，尤其是尚未展开前的叶片及刚落花后的幼果最易感病，木栓化和革质化后不再感染。宽皮柑橘最感病，柚类次之，甜橙、金柑较抗病。

3. 防治措施 ①冬季和早春结合修剪，剪除病枝病叶，春梢发病后也及时剪除。②抓住花前、春芽期（1厘米长）至1/4叶片展开时、谢花2/3时、5月中下旬幼果期喷药保护嫩叶、嫩梢和幼果，药剂可选用：波尔多液、代森锰锌（大生M-45）、丙森锌（安泰生）、苯醚甲环唑、咪鲜胺、戊唑醇、百菌清、甲基硫菌灵等。

（九）柑橘裂皮病

柑橘裂皮病属类病毒病害。

1. 病害症状 引起砧木树皮纵向开裂，初期裂线较浅而稀，后开裂加深、渐密，直至整个砧木树皮纵裂，严重时树皮外翘、剥落。开裂仅限于砧木部位，砧穗分界明显，结合处常有一横向开裂圈。病树明显矮化，新梢少而弱，叶片变小，有时叶脉及其附近绿色而叶肉变黄，类似缺锌症状。花多，但落花、落果严重。秋冬出现严重落叶和枯枝。

2. 发病规律 除苗木和接穗的调运传播外，汁液摩擦、病源污染的工具和劳作等均可传播。病菌侵染后，有较长的潜伏期，在潜伏期内不表现症状，一旦症状表现后，树势衰退迅速，产量锐减。带病苗木在苗期无病状表现，定植 2～8 年后开始发病。该病主要为害以枳、枳橙和兰普来檬作砧木的柑橘。

3. 防治措施 ①培育和种植无病苗木。②选用酸橘、红橘、甜橙、酸橙、枸头橙、粗柠檬等抗病砧木繁育种苗，对已发病的植株可靠接抗病砧木。③清除病树，防止扩散蔓延。④用漂白粉溶液、次氯酸钠、氢氧化钠与福尔马林混合液对使用的刀、剪等工具进行消毒。

（十）柑橘衰退病

柑橘衰退病属病毒病害。

1. 病害症状

（1）速衰型。主要为害以酸橙作砧木的甜橙、宽皮柑橘和葡萄柚，植株快速死亡。

（2）苗黄型。主要为害酸橙、尤力克柠檬和葡萄柚实生苗，植株严重矮缩和黄化。

（3）茎陷点型。该类型与使用的砧木品种无关，主要发生于来檬、葡萄柚、大部分柚类和某些甜橙品种，病株木质部表面呈现黄褐色凹陷点和凹陷条，叶片扭曲畸形，枝条极易折断，植株矮化，果实变小。

2. 发病规律 该病主要通过带毒种苗、繁殖材料和蚜虫传播。不同柑橘品种，对该病的敏感程度存在差异，枳抗病较强，粗柠檬、宽皮柑橘、枳橙较耐病，脐橙、夏橙、多数柚类较敏感。

3. 防治措施　①应用枳、酸橘、枳橙、红橘等耐抗病砧木。②选用无毒接穗繁育种苗。③喷药防治柑橘蚜虫。药剂可选用：抗蚜威、吡蚜酮、除虫菊酯。

（十一）柑橘碎叶病

柑橘碎叶病属病毒病。

1. 病害症状　病株嫁接接合处环缢，接口以上的接穗部肿大，叶脉黄化，并出现类似环状剥皮引起的黄化和植株矮化症状。剥去接合处皮层，可见接穗与砧木的木质部间有一圈褐色的缢缩线。受强风等外力推动，病树砧穗接合处易断裂，裂面光滑。

2. 发病规律　通过带毒苗木、嫁接和污染的剪刀等工具传播。以枳、枳橙为砧木的柑橘比较敏感，甜橙、酸橙、红橘、柠檬等较耐病。

3. 防治措施　①使用无病母本树，培育、使用无病毒苗木。②选用枸头橙、酸橘和红橘等抗、耐病砧木，发病树靠接耐病砧木对恢复树势有一定效果，但保留病树会增加病害扩大蔓延的机会。③对不同来源的柑橘植株进行嫁接、修剪或采穗时，需用漂白粉或次氯酸钠溶液消毒剪刀等工具，防止机械传播。

（十二）柑橘根结线虫病

柑橘根结线虫病是由根结线虫引起的病害。

1. 病害症状　线虫主要为害柑橘根部，特别是须根，寄生于根皮与中柱之间。根尖上形成大小不等的根瘤，根瘤纺锤形或不规则形，芝麻粒至绿豆粒大，初呈乳白色，后转呈黄褐色至黑褐色，根毛稀小。严重时还可出现次生根瘤，使根系形成盘结带瘤的须根团。老根瘤腐烂，根系坏死。病株初期地上部无明显症状，随着为害加重，枝梢短弱，叶片黄化，无光泽。

2. 发病规律　以卵和雌线虫随病残体在土壤中存活越冬，远距离传播主要是带病苗木调运，近距离传播主要是水流、肥料、农具和人畜等。卵在卵囊内发育，二龄幼虫破卵而出侵入幼根，在皮层和中柱间为害，刺激根组织过度生长，形成大小不等的根瘤。幼虫在根瘤内，经 4 次蜕皮发育为成虫。一年可发生多代，通常病高峰期出现在植株发根高峰之后。沙壤土较黏质土发病重。

3. 防治措施　①实施检疫，培育、使用无病苗木。②加强肥水管理，增施有机肥。③冬季挖除树盘表层的病根和须根团，并集中烧毁，然后每株施用 2～3 千克熟石灰，减少虫源。④病树开环沟，撒施铁灭克 100～200 克，然后覆土灌水。用药 1 次防效可持续 2～3 年。

（十三）柑橘青苔病、藻斑病

柑橘青苔病和藻斑病是由苔藓、绿球藻和白藻引起的病害。

1. 发病症状

（1）青苔病。以假根附于枝干上吸收柑橘树的水分和养分。初期有一绿色绒毛状、块状和不规则的苔藓，后逐渐扩大，最后包围整个枝干或枝条或布满整张叶片。

（2）藻斑病。有附生绿球藻斑和白藻斑。附生于树干、枝条和树冠下中部的老叶上。发生严重时，可蔓延至树冠中、上部，在叶片上密生一层草绿色、白色藻体，覆盖整个叶面。

2. 发病规律　果园种植过密、通风透光不良、温暖湿润，加上叶面肥使用泛滥等诱发柑橘青苔病、藻斑病发生，影响叶片光合作用和树势，增加肥料农药成本。

3. 防治措施　①加强果园管理，开沟排水，合理修剪，确保通风透光。②冬季用矿物油、代森铵＋碳酸氢铵、松脂酸钠喷雾树干清园，生长季节用乙蒜素、代森铵、噻霉铜等药剂防治。

三、脐橙园主要害虫及防治

（一）柑橘木虱

同翅目木虱科害虫。

1. 为害状　柑橘木虱是柑橘类新梢期害虫，成虫产卵于嫩芽上，孵化出若虫后吸取嫩梢、嫩叶汁液，使叶片扭曲畸形，严重时新芽枯萎。柑橘木虱若虫分泌的白色蜜露黏附于枝叶上，诱发柑橘煤烟病。柑橘木虱的最大危害在于它是黄龙病田间传播的唯一媒介，黄龙病的发生与柑橘木虱的分布与虫口密度极为密切。成虫、若虫通过在病树上吸食嫩芽和叶片汁液传播黄龙病。柑橘木虱主要为害芸香科植物，以柑橘属受害最重，黄皮、九里香次之。

2. 形态特征　卵似芒果形，橘黄色，上尖下钝圆，有卵柄。若虫共5龄。刚孵化时虫体扁平，黄白色；二龄后背部逐渐隆起，体黄色，有翅芽露出；三龄后变为黄褐相间斑纹。各龄若虫腹部周缘分泌有短蜡丝，复眼浅红色。成虫灰青色且有灰褐色斑纹，被有白粉。触角10节，末端具2条不等长硬毛。复眼暗红色，前翅半透明，后翅无色透明。腹部背面灰黑色，腹面浅绿色。雌虫孕卵期腹部橘红色，腹末端尖。

3. 发生规律　柑橘木虱的年发生代数与柑橘抽发新梢次数密切相关，每代历期长短与气温相关。一年可发生多代，世代重叠。成虫产卵量大，每雌虫可产卵500～1 000粒，且寿命长，传病速度快、传病率高。若虫和成虫从黄龙病树吸食而携带病原菌后，病菌可在虫体内繁殖，终身带菌、传病。成虫只产卵于新梢嫩芽上。在江西赣州田间一年发生 7～8 代，以成虫越冬，翌年 2 月下旬开始在春梢嫩芽上产卵。田间虫口数量的消长与新梢抽发期基本一致，每次新梢有一个发生高峰期，夏梢、秋梢虫口密度较高。冬季低温能明显抑制越冬成虫的存活。成虫飞翔能力不强，气流、台风、暴雨可助迁飞木虱扩散蔓延。

4. 防治措施　①树立防治意识，把柑橘木虱列为果园第一危险性害虫，实行零容忍，重点防治，常年防治。②清除脐橙园周围的九里香、黄皮等柑橘木虱的寄主植物，防止木虱从这些寄主转移到脐橙树上为害。③建立生态隔离带和种植防护林，可阻隔木虱迁移传播。④加强栽培管理，控梢和统一放梢，恶化食物链，减少产卵和繁殖场所，以降低果园木虱世代数和种群数。⑤在同一果园种植品种要求一致，确保物候期相同，便于落实统一的防控措施。⑥抓住冬季、早春和各次嫩梢萌发期及时喷药防治。药剂可选用丁硫克百威、吡虫啉、噻虫嗪、螺虫乙酯、吡丙醚、阿维菌素、氯氰菊酯、噻虫胺、呋虫胺、吡蚜酮等，单剂农药"俩俩"组合防治效果更佳。同时，注意交替使用，避免抗药性产生。

（二）柑橘小实蝇

双翅目实蝇科害虫。除为害柑橘外，还能为害芒果、番石榴、番荔枝、杨桃、枇杷等 250 余种水果，为国际植物检疫对象。

1. 为害状　成虫产卵于快成熟果实的囊瓣和果皮之间，产卵处有针刺小孔和汁液溢出，逐渐产生乳突状灰色和红褐色斑点。幼虫蛀食果瓣，群集取食为害。常使果实未熟先黄脱落，引起减产，甚至绝收。

2. 形态特征　卵：梭形，乳白色。幼虫：蛆形，老熟时黄白色。蛹：围蛹，椭圆形，淡黄色。成虫：全体深黑色和黄色相间。翅透明，翅脉黄褐色，有三角形翅痣。胸部背面大部分黑色，但有黄色 U 形斑纹。腹部黄色，第一、二节背面各有一条黑色横带，从第三节开始中央有一条黑色的纵带直抵腹端，构成一个 T 形黑色斑纹。

3. 发生规律 成虫产卵于近成熟的果实，幼虫孵化后在果实中吸食为害，老熟后从果实中弹出并入土化蛹，在土壤中羽化。该虫在江西赣州一年发生 3～4 代，世代重叠。以蛹在土壤中越冬，翌年羽化后开始为害，5 月虫量开始增多，9～11 月虫口数量达到最高峰。温州蜜柑比脐橙为害重。多种类果树混栽果园发生严重。

4. 防治措施 ①加强检疫，严防幼虫随果实传播。②及时清除树上和落地虫果，集中烧毁或投入装有辛硫磷的塑料袋中，密封毒杀。③用红糖＋敌百虫或酵母蛋白＋辛硫磷点喷树冠诱杀成虫，或挂装有甲基丁香酚引诱剂的诱捕瓶于树冠 1.5 米左右诱杀雄成虫，每亩挂 3～5 瓶，15～20 天加一次诱剂。④幼虫入土化蛹或成虫羽化始盛期前浅翻土壤后用辛硫磷、毒死蜱喷雾或撒施。⑤在果实成熟期或成虫发生高峰期用辛硫磷、阿维菌素＋糖水等进行树冠喷药。

（三）柑橘红蜘蛛

蜱螨目叶螨科害虫。

1. 为害状 成螨、幼螨、若螨以口针刺吸叶片、嫩梢及果皮汁液，受害叶片轻则产生许多灰白色小斑点，失去光泽；重则整叶灰白色，并引起落叶，影响树势。果实受害后表面出现淡绿色或淡黄色斑点，降低品质。

2. 形态特征 卵：近圆球形，初为橘黄后为淡红色，中央有一丝状卵柄，柄端有 10～12 条向四周辐射的细丝，可附着于叶片上。若螨：与成螨相似，但身体较小，均有 4 对足。雌成螨：椭圆形，红色至暗红色，背面有 13 对瘤状小突起，每一突起上长有 1 根白色长毛，足 4 对。雄成螨：体略小而狭长，腹末端较尖，足较长。

3. 发生规律 红蜘蛛一年发生数代，世代重叠，其发生受温度、湿度、食料、天敌和人为因素等影响，12℃时虫口开始增加，12～26℃有利于红蜘蛛发生。温度 20℃、相对湿度 70％最适合红蜘蛛发育和繁殖，低于 10℃或高于 30℃虫口受到抑制。在江西赣州一年有两个发生高峰，一般以 3～5 月和 9～11 月为害最重，7～8 月虫口密度最低。

4. 防治措施 ①改善果园小气候，生草栽培或果园行间种藿香蓟、三叶草、百喜草、大豆、印度豇豆等天敌寄主植物，营造捕食螨、蓟马、草蛉等天敌繁育的良好生态环境。②抓住冬季清园和为害盛期前药剂防治，当冬季或萌芽开花前每叶 1～2 头时喷机油乳剂、石硫合剂、尼索朗、哒螨灵、哒螨酮、噻螨酮和四螨嗪等药剂。当 4～6 月和 9～11 月每叶 3～4 头时喷克螨特、三唑锡、双甲脒、单甲脒、乙螨唑等药剂。注意克螨特、三唑锡在嫩梢、幼果期慎用。

（四）柑橘锈壁虱

蜱螨目瘿螨科害虫。

1. 为害状 成、若螨群集以口针刺吸果面、叶片及嫩枝汁液，使被害叶、果的油胞破裂，溢出芳香油，经空气氧化后，使果皮或叶片变成污黑色。果实被害后，果皮粗糙，失去光泽，后变黑褐色，称为"黑皮果"，直接影响果实产量和品质。叶片被害后，其背面出现黑褐色网状纹，严重时引起大量落叶。

2. 形态特征 卵圆球形，灰白色，半透明。若螨体灰白色至浅黄色，半透明。成虫：楔形或胡萝卜形，黄色或橙色，头小伸向前方，头部附近有足 2 对，背面和腹面有许多环纹，腹部约为背面的 2 倍。

3. 发生规律 成螨在腋芽、卷叶、僵叶或过冬果实的果梗处、萼片下越冬。翌年春季当日均温度上升到15℃时，越冬成螨开始取食和产卵。春梢抽发后，逐渐为害新梢，并聚集在叶背主脉两侧。温度在28℃以上，相对湿度60%～80%最适合柑橘锈壁虱发生。江西赣州4月迁移至新梢，5月上果为害，8～9月为害最重。喜隐蔽，同一株树先从树冠下部和内部的叶片上发生，然后移至果面和外部叶片。多毛菌是锈壁虱田间最有效的抑制天敌，多毛菌对铜制杀菌剂敏感，使用过多常诱发锈壁虱大发生。

4. 防治措施 ①高温干旱季节，及时灌水抗旱。②少用杀菌剂，尤其是尽量不使用多毛菌杀伤力强的铜制剂杀菌剂。③抓住上果为害初期和高温干旱季节药剂防治关键期，当发现叶片或果实平均有2头虫或个别果实出现黑皮为害状时立即喷药。药剂可选用扫螨净、机油乳剂、克螨特、阿维菌素等。在初期点片发生时可实行挑治。注意树冠内堂和叶背喷药。

（五）柑橘潜叶蛾

鳞翅目叶潜蛾科害虫。

1. 为害状 幼虫在柑橘嫩叶表皮下钻蛀为害，形成弯曲虫道。幼虫成熟时，大多蛀至叶缘处，虫体在叶中吐丝结茧化蛹，导致叶片边缘卷曲。有时也会蛀入嫩茎和果实表皮，受害果实易腐烂。其造成的伤口易诱发溃疡病发生。

2. 形态特征 卵扁圆形，白色，透明。老熟幼虫淡黄色，体扁平，椭圆形，足退化，腹部末端尖细，尾端具1对细长尾状物。蛹扁平纺锤形，黄色至黄褐色。腹部可见六节，腹部第一节至第六节两侧中央各有一瘤状突起，并在其上各生一根长刚毛，末节后缘两侧有一明显肉刺。成虫触角丝状，体翅银白色，前翅尖叶形，基部有黑色纵纹2条，中部有Y形黑纹，近端部有一明显黑点，后翅针叶形，缘毛极长。足银白色，各足胫节末端有 1 个大型距，跗节 5 节，第一节最长。

3. 发生规律　一年发生 10 代左右，世代重叠，以蛹和老熟幼虫在被害叶片边缘卷曲处越冬。江西赣州 4 月下旬开始为害春梢嫩叶，6 月虫口迅速增加，7～9 月为害最重，此时正是夏、秋梢抽发期，10 月以后随秋梢叶片老化，发生为害逐渐减轻。成虫大多在清晨羽化，多产卵于嫩叶背面中脉附近，白天栖息在叶背及杂草中，夜晚活动，趋光性强。20～28℃最适幼虫生存和为害。秋梢受害重于夏梢，幼树和苗木因抽梢多也受害较重。

4. 防治措施　①冬季剪除有虫的秋梢和晚秋梢，减少越冬虫量。②加强肥水管理，促使抽梢整齐，发生严重果园可在新梢叶片转绿时喷施叶面肥，加速嫩叶转绿，缩短新梢受害的最危险时期。③当新梢大量抽发且梢长 0.5～1 厘米、嫩叶受害率达 5％时，采用喷药防虫保梢。药剂可选用氯虫苯甲酰胺、茚虫威、丁硫克百威、杀虫双、除虫脲、吡虫啉、甲氰菊酯、阿维菌素。

（六）柑橘介壳虫

同翅目害虫。为害柑橘的介壳虫有 20 余种，发生为害较重的主要有矢尖蚧、糠片蚧、红圆蚧。

1. 为害状　以若、成虫群集在叶片、枝梢和果实上刺吸汁液为害。受害叶片、枝梢褪绿发黄，严重时叶片卷缩、干枯，新梢停止生长、枯萎。受害果面布满虫壳、凹凸不平且不着色。虫体分泌的蜜露会诱发烟煤病，影响树势和产量。

2. 形态特征

矢尖蚧：卵橙黄色，椭圆形。一龄若虫橙黄色，草鞋形，触角 1 对，足 3 对，体末有 1 对长毛；二龄若虫淡橙黄色或淡黄色，扁椭圆形，触角及足均消失。蛹长形，橙黄色，末端交尾器显著地突出于体外。雌虫介壳黄褐色或棕褐色，边缘灰白色，前端尖，后端宽，末端呈弧形，介壳中央有 1 条隆起的纵脊，两侧有向前斜伸的横纹，似箭形。雌蚧体长形，橙黄色，胸部长，腹部短。触角位于前端，退化成瘤状突起，上面各生 1 根长毛。雄虫介壳狭长，粉白色，棉絮状，壳背上有 3 条纵隆起线。雄虫体橙黄色，翅 1 对。

糠片蚧：卵椭圆形，淡紫色。若虫初孵时体扁平，有足 3 对，触角和尾毛各 1 对。雌若虫圆锥形，雄若虫长椭圆形，均为淡紫色。蛹淡紫色，略呈长方形，腹末有发达的交尾器，并有尾毛 1 对。雌虫介壳形状和色泽似糠壳，多为不端正的椭圆形，灰褐色或淡黄褐色。雌成虫淡紫色，近圆形或椭圆形。雄虫介壳灰白色或灰褐色，狭长形。雄成虫淡紫色，有触角和翅各 1 对，足 3 对，腹末有针状交尾器。

红圆蚧：卵产于母体腹内，孵化后才产出若虫。一龄若虫体长椭圆形，橙黄色；二龄若虫触角和足消失，体宽椭圆形，淡黄色到橙红色。雌成虫马蹄形，橙黄至红色，背面、腹面硬化。雄成虫体橙黄色，眼紫色。雌介壳扁圆形，淡黄色可透见虫体，中央略凸起。雄介壳椭圆形，淡灰黄色，外缘色淡。

3. 发生规律

矢尖蚧：多以受精雌成虫越冬，卵产于母体介壳下，数小时后即可孵化为若虫，初孵若虫经 1～2 小时的爬行后即固定下来为害。雌若虫多分散为害，经三龄后直接变为雌成虫。雄若虫常群集于叶背为害。江西赣州一年发生 3 代，世代重叠。第一代若虫孵化高峰在 5 月上旬，发生较整齐，第二代在 7 月中旬，第三代在 9 月上旬。

糠片蚧：多以雌成虫及卵为主越冬，雌成虫有两性生殖和孤雌生殖两种方式。江西赣州一年发生 3～4 代，世代重叠。各代若虫期分别为 5～6 月，7 月下旬至 8 月中旬，8 月下旬至 10 月中旬和 11 月。

红圆蚧：以雌成虫和若虫在枝叶上越冬。江西赣州一年发生3~4代，世代重叠。各代幼蚧相对集中期为5月下旬至6月上旬，7月下旬至8月中旬，9月下旬至10月中旬和11月中下旬。

4. 防治措施　①剪除虫枝、隐蔽枝，改善树体通风透光条件。②冬季清园，喷松脂合剂或机油乳剂，压低越冬虫源。③抓住幼蚧盛期喷药防治，尤其是越冬后的第一代幼蚧盛期。药剂可选用机油乳剂、噻嗪酮等。④发生点片时采取挑治或片治，少用杀伤力强的广谱性杀虫剂，保护利用寄生蜂、方头甲、草蛉、瓢虫等天敌。

（七）柑橘粉虱

同翅目粉虱科害虫。

1. 为害状　幼虫聚集在叶片背面、果实表面和嫩枝上为害，被害处形成黄斑，严重时引起枯梢、落叶、落果并诱发煤烟病，影响树势和果品质量。

2. 形态特征　卵椭圆形，黄色，有短柄附于叶片上。若虫扁平椭圆形，淡黄色，体周围有小突起17对，并有白色放射状蜡丝。蛹椭圆形，淡黄绿色至黄褐色，羽化前出现明显的红褐色眼点。成虫黄色，被白色蜡粉，翅2对，半透明。虫体及翅上均覆盖有蜡质白粉。复眼红褐色，分上下两部分，中间有1小眼联结。

3. 发生规律　以若虫及蛹固定在叶背越冬。卵产于叶背面，成虫羽化比较整齐且集中于新梢叶背。有孤雌生殖现象。江西赣州一年发生四代，越冬代成虫3月下旬至4月上旬。第一代若虫孵化盛期4月下旬，成虫期6月上、中旬。第二代若虫期6下旬，成虫期8月中旬。第三代若虫期8月下旬，成虫期9月下旬至10月上旬，第四代若虫期9月下旬至翌年4月上旬。各代若虫分别为害春、夏、秋梢及晚秋梢。树冠荫蔽果园发生较重。柑橘粉虱主要天敌为粉虱座壳孢菌和各种寄生蜂。

4. 防治措施 ①加强栽培管理，注意整枝修剪，使树冠通风透光。②保护利用天敌，尽量不使用铜制剂和其他广谱性杀菌剂。③抓住越冬代成虫和第一、二代若虫盛孵期药剂防治。药剂可选用矿物油、噻嗪酮、辛硫磷、扑虱灵、吡虫啉等。

（八）柑橘卷叶蛾

鳞翅目卷叶蛾科害虫。

1. 为害状 以幼虫为害花蕾、果实和叶片。为害叶片时常吐丝将两片叶相连或4～5片叶缀合一起，卷在其中食叶，初孵幼虫多取食嫩叶表皮成穿孔，后多在叶缘取食，呈穿孔或缺刻状。蛀果时常吐丝将叶片粘于蛀孔外，有虫粪，受害后落果。为害柑橘的卷叶蛾主要有拟小黄卷叶蛾和褐带长卷叶蛾。

2. 形态特征

拟小黄卷叶蛾：卵椭圆形，鳞鱼状排列。幼虫除第一龄头部黑色外，其余各龄皆黄色。蛹黄褐色，纺锤形，第十腹节末端具8根卷丝状钩刺，中间4根较长。成虫：体黄色，头部有灰褐色鳞毛，下唇须发达，向前伸出。雌虫前翅前缘近基角1/3处有较粗而浓黑褐色的斜纹横向后缘中后方，在顶角处有浓黑褐色近三角形的斑点。雄虫前翅后缘近基角处有宽阔的近方形黑纹，两翅相合时成为六角形的斑点。后翅淡黄色，基角及外缘附近白色。

褐带长卷叶蛾：卵椭圆形，淡黄色，排列鳞鱼状。幼虫黄绿色。蛹黄褐色，腹部末端有8根钩刺。雌虫前翅黄褐色，基部有黑褐色斑纹，中部有斜行的宽深褐带。

3. 发生规律 以幼虫在叶间、卷叶、落叶或杂草中越冬，世代重叠。成虫有趋光性，卵多产于叶正面主脉附近，但排列不规则。第一代幼虫期主要为害幼果和花，以后各代主要为害叶片。幼虫受惊后吐丝下坠逃逸，老熟幼虫在卷叶中化蛹。

4. 防治措施 ①冬季清园清除带有越冬幼虫和蛹的枝叶。②利用卷叶蛾成虫的趋光性，安装杀虫灯诱杀成虫。③抓住各代幼虫盛孵期或成虫产卵期喷药防治，药剂可选用吡虫啉、除虫脲、阿维菌素、溴氰菊酯等。

（九）柑橘花蕾蛆

双翅目瘿蚊科害虫，也是脐橙花蕾期的重要害虫。

1. 为害状 成虫产卵于花蕾中，幼虫孵化后即在花蕾内取食为害，被害花蕾膨大、畸形、似灯笼状，花瓣多有绿点且脆，不能开花授粉而脱落。

2. 形态特征 卵长椭圆形，无色透明。幼虫长纺锤形，乳白至橙黄色，前胸腹面有 Y 形褐色剑骨片。蛹黄褐色，外有黄褐色的半透明胶质茧壳。成虫形似小蚊，雌成虫黄褐色，被有细毛；触角念珠状，14 节；翅 1 对，翅脉简单，翅上密生黑褐色细毛。雄成虫灰黄色，触角似哑铃状。腹部 9 节，有 1 对抱握器。

3. 发生规律 一年发生 1 代，以老熟幼虫在土壤中越冬，江西赣州 3 月中旬化蛹，3～4 月羽化出土，花蕾露白时成虫大量出现并产卵于花蕾内。幼虫在花蕾为害 10 余天后入土结茧。一般阴湿低洼地区发生重，3、4 月阴雨有利于出土羽化。

4. 防治措施 ①谢花前及时摘除虫蕾，集中深埋或烧毁，减少翌年虫源。②结合冬季清园，冬季或早春浅翻土表，破坏土中休眠幼虫的生活环境。③抓住成虫出土或幼虫入土期和花蕾开始露白时进行地面和树冠喷药，药剂可选用辛硫磷、吡虫啉、氯氰菊酯等。

（十）柑橘蓟马

缨翅目蓟马科害虫，只为害柑橘。

1. 为害状 幼果受害后在其果蒂周围出现银白色或灰白

色的环状疤痕。也有少部分在果腰等部位为害。嫩叶受害后叶片扭曲变形，叶肉增厚，叶片变硬，易碎裂、脱落，在叶脉两侧出现银白色或灰白色条斑。

2. 生态特征 卵肾脏形。幼虫共2龄，二龄老熟幼虫大小与成虫相近，椭圆形，无翅，琥珀色。幼虫经预蛹和蛹羽化为成虫。成虫纺锤形，淡橙黄色，体表有细毛。触角8节，头部刚毛较长。前翅有纵脉1条，翅上缨毛很细。

3. 发生规律 一年发生数代，世代重叠。以卵在秋梢新叶组织内越冬。翌年3～4月越冬卵孵化为幼虫，在嫩叶和幼果上取食。田间4～10月均可见，以谢花后至幼果直径4厘米时为害最重，第一、二代为害为主。一龄幼虫死亡率较高，二龄幼虫是主要的取食虫态。幼虫老熟后在地面或树皮缝隙中化蛹。成虫较活跃，以晴天中午活动最盛。成虫将卵产于嫩叶、嫩枝和幼果组织内。秋季当气温降到17℃以下时便停止发育。

4. 防治措施 ①冬季清除田间杂草，减少越冬虫源。②保护利用捕食螨、蜘蛛、蜻类、塔六点蓟马等天敌。③加强虫情监测，柑橘开花至幼果期中午在树冠外围检查花和果实萼片附近的蓟马虫口数量，当谢花后发现有5%～10%的花或幼果有虫或受害时进行喷药防治。药剂可选用哒螨灵、吡虫啉、甲氰菊酯等。

（十一）吸果夜蛾

鳞翅目夜蛾科害虫。除为害柑橘外，还为害梨、桃、葡萄、柿、枇杷等多种果树。为害柑橘的吸果夜蛾达20余种，主要有鸟嘴壶夜蛾、枯叶夜蛾、玫瑰巾夜蛾、小造桥夜蛾等。

1. 为害状 幼虫食害叶片成孔洞或缺刻。成虫吸食快成熟果实汁液，被害果实极易脱落和腐烂。

2. 形态特征

鸟嘴壶夜蛾：卵球形，初淡黄色，渐变淡褐色，上有红褐色斑纹。幼虫前端较尖，头部布满黄褐色斑点，头顶橘黄色，体灰黑色。蛹：暗褐色。成虫头和前胸赤橙色，中、后胸赭色。前翅紫褐色，具线纹，翅尖钩形，外缘中部圆突，后缘中部呈圆弧形内凹，自翅尖斜向中部有两根并行的深褐色线，肾状纹明显。后翅淡褐色，缘毛淡褐色。

枯叶夜蛾：幼虫头红褐色，体褐色，第一、二腹节弯曲，第二、三腹节亚背面有一眼形斑，中黑并具月牙形白纹，其外围黄白色绕有黑圈，第八腹节隆起。成虫头胸部棕褐色，腹部杏黄色，触角丝状。前翅深棕微绿色，顶角尖，外线弧形内斜，后缘中部内凹，从顶角至后线内凹处有 1 条黑褐色斜线，内线黑褐色，翅脉上有许多黑褐小点，翅基部及中央有暗绿色圆纹。后翅杏黄色，中部有一肾形黑斑。

玫瑰巾夜蛾：卵球形，黄白色。幼虫青褐色，有不规则斑纹，第一节腹背有黄白色小眼斑 1 对，第八节腹背有黑色小斑 1 对，第一对腹足小，臀足发达。蛹红褐色，被有紫灰色蜡粉。尾节有多数隆起线。成虫体褐色。前翅褐色，翅中间具白色中带，中带两端具褐点，顶角处有从前缘向外斜伸的白线 1 条，外斜至第一中脉。后翅褐色，有白色中带。

小造桥夜蛾：卵椭圆形，青绿至褐绿色。幼虫头淡黄色，体黄绿色。第一对腹足退化，第二对较短小，爬行时虫体中部拱起，似尺蠖。蛹红褐色。成虫头胸部橘黄色，腹部背面灰黄至黄褐色，前翅黄褐色。前翅外缘中部向外突出呈角状，翅内半部淡黄色密布红褐色小点，外半部暗黄色。

3. 发生规律　成虫于果实成熟期入园为害，天黑时逐渐增多，晚上 8～9 时为害高峰，半夜后数量渐减，天明时即隐藏在附近杂草、灌木丛中。丘陵山区果园发生多，特别是山区植被好的果园为害较重，多数吸果夜蛾对光和芳香味有趋性。吸果夜蛾幼虫也会在防己科等野生植物或其他栽培植物上为害。

4. 防治措施 ①在山区或半山区种植柑橘时，同园不种植不同成熟期的柑橘品种或其他果树。②果实成熟期安装杀虫灯诱杀，效果显著。③为害严重的山区果园，在果实近成熟期套袋。④在有少量果实受害时开始树冠喷药，药剂可选用菊酯类农药。

（十二）橘实雷瘿蚊

双翅目雷瘿蚊科害虫，是为害甜橙和柚类果实的一种新害虫。

1. 为害状 成虫产卵多在果蒂或背光处周围白皮层内，为害初期果蒂周围出现浅黄色小针眼点，初孵幼虫蛀食白皮层，随着幼虫虫龄增大为害程度加重，果实受害处从浅黄色变成黄褐色或黑色，为害后期果表可见蛀孔，并伴有胶状物质。同一个果实可能多次被产卵为害，为害虫孔连成褐色斑点或斑块，引起落果、烂果。剖开落果，可见红色或乳白色幼虫，一个虫道至少有 1 头，多的达 3～4 头，每个果总虫量从数头至几百头不等，蛀道呈褐色并有红色粉末。有的幼虫也会蛀食中心柱，但不蛀食果肉。

2. 形态特征 卵长椭圆形，初呈白色半透明，孵化前卵内出现红色点状。幼虫 4 龄，一龄初孵幼虫白色透明，二龄幼虫浅红色，三龄幼虫红色，四龄幼虫深红色。头部极细小，老熟幼虫体扁纺锤形，体红褐色，善弹跳，中胸腹板有 Y 状剑骨片，是弹跳器官。蛹外被褐黄色丝茧，为裸蛹，体红褐色，近羽化时呈黑褐色，头顶具分叉的额刺 1 对，蛹足紧贴腹部。雌蛹足达腹部第五节。雄蛹足较长，达腹部第六节。雌虫触角念珠状，雌雄虫触角每节基部皆有环生细毛，中胸发达，身体密被细毛，腹部褐红色，圆筒形，产卵管外露。前翅膜质，被黄褐色细毛，纵脉 3 条，后翅成平衡棒。足细长，呈黑黄相间的斑纹。雄虫体略小于雌虫，触角念珠状，较雌虫长。

3. 发生规律　以蛹或老熟幼虫在土中越冬，越冬代羽化较为整齐。江西赣州一年发生 4 代，世代重叠。翌年 4 月下旬至 5 月上旬羽化出土，成虫产卵于果实白皮层内，5 月下旬至 6 月上旬始见虫果，7 月上旬至 8 月中旬为幼虫为害高峰期，直至采果前仍有幼虫危害。

4. 防治措施　①冬季或早春结合施基肥进行翻土，杀灭越冬幼虫和蛹，降低越冬虫口基数。②为害期巡视果园，及时摘除树上虫果和捡拾地面虫果，集中烧毁或用农药浸泡，减少再次为害。③加强果园管理，清除园内和周边杂草，合理修剪，增强光照，及时排水。④抓住各代成虫羽化出土高峰期前进行土面用药和树冠喷药。土面用药时，药剂可选用辛硫磷、米乐尔等颗粒剂拌细沙撒施。树冠喷药时，药剂可选用辛硫磷、敌敌畏、晶体敌百虫等。

（十三）天牛

鞘翅目天牛科昆虫的总称。为害柑橘的天牛主要有星天牛、褐天牛和橘光盾绿天牛 3 种。

1. 为害状　星天牛以幼虫蛀食柑橘离地 0.5 米以内的根颈和主根的皮层，切断养分和水分输送，植株轻则部分枝叶黄化，重则由于根颈一圈被害而枯死。褐天牛幼虫通常在离地面 30 厘米以上的树干中为害，蛀害主干和主枝，造成树干内蛀道纵横，影响水分和养分输导。橘光盾绿天牛初孵幼虫先蛀害小枝，先向梢端蛀食，被害小枝干枯枯死，然后向下逐渐蛀入大枝。枝条中幼虫蛀道每隔一定距离向外蛀一洞孔，似箫孔状。洞孔的大小与数目则随幼虫的成长而渐增。在最后一个洞孔下方不远处为幼虫潜居处所。

2. 形态特征

星天牛：卵长椭圆形，初产时白色，以后渐变为浅黄白色。幼虫乳白色至淡黄色。头部褐色，体被稀疏褐色细毛。前胸背板前半部有两个黄褐色飞鸟形花纹。后半部则有 1 块黄褐色稍隆起的"凸"字斑纹。蛹纺锤形，羽化前各部分逐渐变为黄褐色至黑色。翅芽超过腹部第三节后缘。成虫体漆黑色具光泽，雄虫触角超过体长 1 倍，雌虫略过体长。鞘翅表面散布许多白色斑点。

褐天牛：卵椭圆形，初产时乳白色，逐渐变黄，孵化前呈灰褐色。幼虫老熟幼虫乳白色，体呈扁圆筒形。头的宽度约等于前胸背板的 2/3，口器除上唇为淡黄色外，余为黑色。蛹淡黄色，翅芽长达腹部第三节末端。成虫初羽化时为褐色，后变为黑褐色，有光泽，被灰黄色短绒毛。头顶至额中央有一深沟。前胸背板除前后两端各具一、二条横脊外，其余呈脑状皱纹，两侧刺突尖锐。鞘翅刻点细密，肩角隆起。

橘光盾绿天牛：卵黄绿色，长扁圆形。幼虫淡黄色，前胸背板中央横列 4 个褐色斑纹，自中胸至腹部第七节背腹背两面各具 1 对移动器。蛹为裸蛹，黄色。成虫虫体墨绿色，头部、鞘翅、触角的柄节和足的腿节上均布满细密的刻点。

3. 发生规律

星天牛：一年发生 1 代，以幼虫在树干基部或主根木质部越冬，翌年春幼虫在虫道内化蛹，4 月下旬至 5 月上旬开始羽化，5～8 月为产卵盛期，卵多产于树干近地面部位，初孵幼虫开始为害皮层时有白色泡沫冒出。

褐天牛：二至三年发生 1 代，幼虫期长达 15～20 个月，以幼虫和成虫在树干内越冬，成虫从 4 月下旬至 8 月中旬出现，6 月前后为盛发期。成虫产卵于离地 33 厘米以上的树干或主枝表皮的裂缝或伤口疤内，初孵幼虫蛀食树皮，后渐蛀入木质部。

橘光盾绿天牛：一年发生 1 代，以幼虫在蛀道内越冬，成虫于 4 月中旬至 5 月初开始出现，5～6 月盛发期。成虫产卵于嫩枝或嫩枝与叶柄的分杈处，初孵幼虫蛀入嫩枝，然后往下蛀至主枝、主干。5～6月为为害高峰期。

4. 防治措施 ①成虫盛发期，在晴天捕捉成虫。②在初孵幼虫盛发阶段，用小刀刮除虫卵，并涂敌敌畏拌黄泥封口。③在幼虫蛀入树干、主枝时，发现有新鲜虫粪的虫孔，清除虫粪后，用脱脂棉吸取敌敌畏、辛硫磷等药液，塞入虫孔内。④在5月成虫产卵前树干涂白或喷瑞劲特杀成虫和初孵化幼虫。⑤剪除被幼虫为害的虫蛀枝，防治橘光盾绿天牛。

（十四）金龟子

鞘翅目金龟子科昆虫的总称。金龟子种类多，食性杂，为害柑橘的主要有花潜金龟、铜绿丽金龟、茶色金龟。

1. 为害状 花潜金龟以成虫为害花、幼果。铜绿金龟和茶色金龟以成虫食害叶片和嫩枝，严重时把新叶食光，老叶取食呈网孔状。

2. 形态特征

花潜金龟：体稍狭长，暗绿、黑或古铜色。背面密布黄绒毛，无光泽。鞘翅有众多白绒斑。腹部1～4节两侧各有1白绒斑。

铜绿丽金龟：卵椭圆形，乳白色。幼虫乳白色，头部褐色。蛹椭圆形，裸蛹，土黄色。成虫触角鳃叶状，黄褐色。前胸背板及销翅铜绿色具闪光，上面有细密刻点。

茶色金龟：卵椭圆形，乳白色。幼虫体乳白色，头部黄褐色，肛腹片有散生的刺毛。蛹前端钝圆，后渐尖削，初乳白色，后变黄色。成虫椭圆形，褐至棕褐色，密生黄褐色披针形鳞片。鞘翅具白斑成行。腹面栗褐色，具黄白色鳞毛。

3. 发生规律 以幼虫在土中越冬。花潜金龟每年发生1代，柑橘开花盛期为成虫发生高峰期。铜绿丽金龟每年发生1代，5月上、中旬开始出现成虫，5月下旬至7月中旬为成虫发生盛期。成虫白天潜伏不活动，夜间取食，以闷热天气数量最多，成虫具较强趋光性和假死性。山区新垦果园和幼龄果园发生较重。茶色金龟 7 月中旬至 8 月中旬成虫大量出现。白天潜伏，晚上活动为害，具假死性，趋光性差，新开幼龄果园发生较重。

4. 防治措施 ①果园安装杀虫灯，诱杀成虫。②结合冬季或春季果园土壤翻耕，土面撒施辛硫磷等杀虫剂杀灭幼虫和蛹。③在成虫发生高峰期，下午 4 时后树冠喷药，药剂可选用敌敌畏、辛硫磷、菊酯类＋有机磷杀虫剂。

（十五）蜗牛

腹足纲柄眼目巴蜗牛科。

1. 为害状 以嫩叶受害最严重，叶片被咬成缺刻、穿孔，有的仅剩下叶脉，果实被咬成大小不一的小洞，果实受害后，味淡，略涩，降低品质。

2. 形态特征 卵白色，球形，有光泽，孵化前为土黄色。幼贝体较小，壳薄，半透明，淡黄色，形似成贝，常群集成堆。成贝扁球形，肉体柔软，头上有 2 对触角，背上有 1 个黄褐色的螺壳，休息时身体缩在螺壳内。

3. 发生规律 一年发生 2 代。以成螺或幼螺在草丛、乱石堆、落叶、树皮下或树盘土块缝隙内越冬。翌年 4～6 月产卵，5～7 月为卵孵化期。5～9 月为害高峰期。畏光、怕热，喜阴暗潮湿。白天多不活动，晚上暴食叶片。

4. 防治措施 ①在蜗牛发生期放鸡鸭啄食。②清晨或阴雨天人工捕捉，集中杀灭。③在蜗牛上树前用灭蜗灵、蜗牛敌、灭旱螺等颗粒剂拌土于傍晚在树盘撒施一圈。

（十六）蚜虫

同翅目蚜科害虫。为害柑橘的蚜虫主要有橘蚜、橘二叉蚜、绣线菊蚜、棉蚜。

1. 为害状　以成虫和若虫群聚在柑橘嫩梢、嫩叶、花蕾和花上吸汁为害，被害叶多皱缩卷曲，新梢枯死，幼果和花蕾脱落，并诱发煤烟病，使枝叶发黑，影响树势和产量。

2. 形态特征

橘蚜：卵椭圆形，初为淡黄色，后为黑色，有光泽。若虫体褐色，复眼红黑色。成虫无翅胎生雌蚜全体漆黑色，复眼红褐色。有翅胎生雌蚜与无翅型相似，翅2对，白色透明，前翅中脉分三叉，翅痣淡褐色。无翅雄蚜与雌蚜相似，全体深褐色，后足特别膨大。

橘二叉蚜：卵长椭圆形，黑色有光泽。若虫与无翅胎生雌蚜相似，体较小，淡黄色或棕色。成虫有翅胎生雌蚜体黑褐色，具光泽，触角暗黄色，第三节具5～6个感觉圈，前翅中脉仅一分支，腹背两侧各有4个黑斑，腹管黑色，长于尾片。无翅胎生雌蚜暗褐至黑褐色。胸腹部背面具网纹，足暗淡黄色。

绣线菊蚜：卵椭圆形，漆黑色，有光泽。若虫鲜黄色，似无翅胎生雌蚜，触角、复眼、足及腹管均为黑色。腹管很短，腹部比较肥大。有翅蚜胸部具翅芽1对。绣线菊蚜和棉蚜易于混淆，但绣线菊蚜虫中胸腹叉有短柄，尾片呈圆锥形，仅基部稍宽，腹管为尾片的1.6倍，不同于棉蚜。无翅胎生雌蚜近纺锤形，体金黄至黄绿色，头部、复眼、口器、腹管与尾片均为黑色，体两侧有棉线的乳头状突起。有翅胎生雌蚜头、胸部、口器、腹管和尾片均为黑色，复眼暗红色，触角较体短，共6节，第三节有圆形感觉孔6～10个。腹部两侧有黑斑，具有明显的乳状突起，翅透明。

棉蚜：无翅胎生雌蚜体被蜡粉，复眼黑色，触角6节，仅第五节端部有1个感觉圈。有翅胎生雌蚜，前胸背板黑色，腹部两侧有3～4对黑色斑纹，触角6节，感觉圈着生在三、五、六节上，第三节有成排的感觉圈5～8个。卵：椭圆形，漆黑色，有光泽。若蚜：无翅若蚜复眼红色，无尾片，夏季多为黄白色至黄绿色，秋季蓝灰色至蓝绿色。有翅若蚜虫体被蜡粉，体两侧有短小褐色翅芽，夏季黄褐或黄绿色，秋季蓝灰黄色。棉蚜形态大小和一些特征与绣线菊蚜相似，区别特征是棉蚜中胸腹叉无柄，尾片略呈长圆锥形，腹管长为尾片的 2.4 倍。有翅胎生雌蚜胸腹部黑色，腹部黄绿色至墨绿色，有黑斑，薄覆蜡粉，触角第三节有感觉圈 4～10 个。

3. 发生规律 以卵在枝条上越冬，寄主多，发生代数也多。在江西赣州蚜虫为害盛期一般为 5 月下旬至 6 月和 8～9 月，蚜虫在田间以胎生为主，繁殖快。天气干旱，气温较高，蚜虫发生早而重，在条件适宜时，可产生大量有翅胎生雌蚜，迁飞到其他植株，产生无翅胎生蚜，无翅胎生雌蚜的胎生能力强，故春、夏之交和秋季数量最多，为害严重。

4. 防治措施 ①剪除被害枝及有卵枝或抽发不整齐的嫩梢。②保护瓢虫、草蛉、食蚜蝇、寄生蜂等天敌。③当新梢有蚜率达 25％时喷药防治，药剂可选用抗蚜威、吡虫啉、菊酯类农药。

（十七）象甲

鞘翅目象甲科昆虫的简称，又称象鼻虫。种类较多，为害柑橘的主要有绒绿象甲、橘泥象甲、橘斜青象甲等。

1. 为害状 以成虫咬食叶片、花和幼果，叶片受害后呈网孔状或缺刻状。

2. 形态特征 成虫多数触角长，头和喙向前延长，形似象鼻。体表多被鳞片。多为褐色或灰色。幼虫多为白色，肉质，身体弯呈 C 形。

3. 发生规律 一年发生 1～2 代，以幼虫在土中越冬，江西赣州成虫为害盛期为 4～6 月和 7～8 月，行动缓慢，成虫假死性强，往往雌雄成对出现。新开果园和幼龄果园发生较重。

4. 防治措施 ①成虫为害盛期树冠喷药防治，并对为害重的单株或区域再进行土面喷药，杀死落地或隐藏在覆盖物中的成虫。药剂可选用辛硫磷、晶体敌百虫、溴氰菊酯。②成虫盛发期，在园内堆放新鲜青草，诱集成虫，然后杀灭。

（十八）麻皮蝽

半翅目蝽科害虫。

1. 为害状 以成虫和若虫刺吸叶片及果实汁液，以为害嫩梢嫩叶为主，为害后出现黄褐色斑点，严重时引起新梢和叶片枯萎脱落；为害果实开始表现黄斑状，后出现畸形或猴头果。有群集为害现象。

2. 形态特征 卵灰白色，呈柱状，顶端有盖，周缘具刺毛。若虫各龄均扁洋梨形，前尖削后浑圆，老龄幼虫似成虫，自头端至小盾片具一黄红色细中纵线。体侧缘具淡黄狭边。腹部3～6节的节间中央各具1块黑褐色隆起斑。成虫体黑褐密布黑色刻点及细碎不规则黄斑。喙浅黄，末节黑色，达第三腹节后缘。头部前端至小盾片有1条黄色细中纵线。前胸背板前缘及前侧缘具黄色窄边。胸部腹板黄白色，密布黑色刻点。

3. 发生规律 麻皮蝽一年发生2代，以成虫在枯枝落叶、草丛、树皮裂缝或隐蔽温暖处越冬。翌年春柑橘萌芽后开始活动为害。赣州成若虫为害期主要是4月中旬至5月中旬，6月下旬至8月上旬和10月上中旬。

4. 防治措施 ①早晚利用成虫假死性，进行人工振动树捕捉。②为害严重的果园，在产卵或为害前进行果实套袋。③抓住越冬成虫出蛰前、若虫羽化盛期和产卵高峰期喷药防治。药剂可选用敌敌畏、溴氰菊酯、氯氰菊酯等。

（十九）柑橘潜叶甲

鞘翅目叶甲科害虫。

1. 为害状 成虫于叶背取食叶肉和嫩芽，仅留叶表皮，被害多有透明斑。幼虫蛀入嫩叶取食，产生不规则的弯曲虫道，虫道中间有 1 条由排泄物形成的黑线。

2. 形态特征 卵椭圆形，黄色，表面有六角形或多角形网状纹。幼虫深黄色。前胸背板硬化，胸部各节两侧圆钝，从中胸起宽度渐减。各腹节前狭后宽。蛹淡黄至深黄色。头部向腹部弯曲，口器达前足基部。成虫椭圆形，头、前胸背板、足及触角为黑色，头向前倾斜，背面中央隆起，翅鞘及腹部均为橘黄色，肩角黑色。前胸背板遍布小刻点，翅鞘上有纵列刻点。

3. 发生规律 以成虫在土中或树皮下越冬。翌年 3 月至 4 月上旬开始活动，4 月上、中旬产卵，4 月上旬至 5 月中旬为幼虫为害盛期，5 月中、下旬幼虫老熟后随叶片落下，在树干周围松土中化蛹，入土深度 5 厘米左右。5 月下旬至 6 月上旬成虫羽化。成虫群居，喜跳跃，有假死习性。成虫将卵产于嫩叶背面或叶缘处。

4. 防治措施 ①冬季或早春摘除被害叶片，扫除新鲜落叶，浅翻松土灭蛹。②抓住 4 月上旬至 5 月中旬幼虫为害盛期前用药防治。药剂可选用敌敌畏、敌百虫等。③果园周围的防护篱要一并施药。

四、安全科学使用农药

农药是防治病虫危害、保障农业丰收的重要生产资料。科学安全使用农药，可有效控制农作物病虫的危害，保障农产品质量安全、人畜安全、农作物安全和环境安全。

（一）农药基本知识

1. 农药的含义 农药是指用于预防、控制为害农业、林业的病、虫、草、鼠和其他有害生物，以及有目的地调节植物和昆虫生长的化学合成的，或者来源于生物和其他天然物质的一种物质或者几种物质的混合物及其制剂。

2. 农药的分类

（1）按原料来源分类。农药可分为化学合成农药、生物源农药（微生物源农药、植物源农药）、矿物源农药。

①化学合成农药。该类农药是由人工研制合成，并由化工企业生产的一类农药。这类农药的特点是药效高、见效快、用量少、用途广，是目前使用最广、用量最大的一类农药。但如果不能科学使用，也会造成污染环境，使有害生物易产生抗药性，影响人畜安全等不良后果。如：辛硫磷、戊唑醇、氯氰菊酯、嘧菌酯等。

②生物源农药。主要是指以动物、植物、微生物本身或者它们产生的物质为主要原料加工而成的农药，包括微生物源农药和植物源农药。微生物源农药是利用一些对病虫有毒和有杀伤作用的有益微生物，包括细菌、真菌和病毒等，通过一定的方法培养、加工而成的一类药剂，如苏云金杆菌、白僵菌和核型多角体病毒等。植物源农药是以植物为原料加工制成的药剂，如鱼藤酮和除虫菊等。

③矿物源农药。起源于天然矿物原料的无机化合物和石油的农药，统称为矿物源农药。如：矿物油、波尔多液、石硫合剂等。

（2）按主要用途分类。农药可分为杀虫剂、杀菌剂、除草剂、杀鼠剂和植物生长调节剂等。

①杀虫剂。专门用于防治害虫的药剂。

a. 按化学成分分类。

有机磷类：敌敌畏、乐果、敌百虫、三唑磷、辛硫磷等。

氨基甲酸酯类：抗蚜威、灭多威、异丙威等。

菊酯类：氰戊菊酯、甲氰菊酯、高效氯氰菊酯、联苯菊酯等。

新烟碱类：吡虫啉、噻虫嗪、呋虫胺等。

其他类：杀虫双、杀虫单、阿维菌素、甲维盐、吡蚜酮、噻嗪酮。

微生物类：是利用使害虫致病的真菌、细菌、病毒，通过人工培养，用来消灭害虫的药剂，如苏云金杆菌等。

b. 按作用方式分类。

胃毒剂：被昆虫取食后经肠道吸收到达靶标，才可起到毒杀作用的药剂。大部分的有机磷类及菊酯类杀虫剂都有胃毒作用，例如灭幼脲等。

触杀剂：通过接触害虫的体壁渗入虫体，使害虫中毒死亡的药剂。目前使用的杀虫剂大多数属于此类，例如氯氰菊酯等。

熏蒸剂：常温常压下能气化为毒气或分解生成毒气，并通过害虫呼吸系统进入虫体，使害虫中毒死亡的药剂，如敌敌畏等。

内吸剂：通过植物叶、茎、根或种子被吸进入植物体内或萌发的苗内，并且能在植物体内输导、存留，有的经过植物代谢作用而产生更毒的代谢物，被害虫取食后中毒死亡的药剂，如吡虫啉、噻虫嗪等。

拒食剂：影响昆虫觉器官，使其厌食或宁可饿死而不取食，最后因饥饿、失水而逐渐死亡，或因不能摄取足够营养而使不能正常发育的药剂，例如印楝素、茚虫威等。

驱避剂：依靠其物理、化学作用（如颜色、气味等）使害虫不愿接近或发生转移、潜逃等现象，从而达到保护寄主（植物）目的的药剂，如避蚊油、樟脑丸等。

引诱剂：依靠其物理、化学作用（如光、颜色、气味等）可将害虫诱聚而利于歼灭的药剂，如糖醋加敌百虫做成毒饵诱杀害虫。

②杀菌剂。对真菌、细菌、病毒等起抑制或杀灭作用的药剂，用以预防或治疗作物各种病害。

a. 按来源分类。

无机杀菌剂：石硫合剂、硫酸铜等。

有机硫杀菌剂：福美双、福美锌、代森锰锌、代森锌等。

b. 按有效成分分类。

有机磷类：稻瘟净、异稻温净等。

苯并咪唑类：多菌灵、苯莱特、苯菌灵、噻菌灵等。

二甲酰亚胺类：菌核净、腐霉利、嘧霉胺、异菌脲、乙烯菌核利等。

三唑类：三唑酮、丙环唑、多效唑、腈菌唑、戊唑醇、氟环唑等。

苯基酰胺类：甲霜灵、噁霜灵、杀毒矾等。

麦角甾醇生物合成抑制剂类：烯酰吗啉、十三码啉、氟吗啉等。

甲氧基丙烯酸酯类：嘧菌酯、醚菌酯、烯肟菌酯、烯肟菌胺等。

c. 按作用方式分类。

保护剂：在病害流行前（即在病菌没有接触到寄主或在病菌侵入寄主前）施用于植物体可能受害的部位，以保护植物不受侵染的药剂，如波尔多液，代森锰锌、百菌清等。

治疗剂：在植物已经感病以后施药，可渗入植物组织内部，杀死萌发的病原孢子、病原体或中和病原的有毒代谢物以消除病症与病状的药剂，如戊唑醇、氟硅唑、烯酰吗啉等。

铲除剂：对病原菌有直接强烈杀伤作用的药剂。一般只用于植物休眠期或只用于种苗处理，如五氯酚钠、过氧乙酸、高浓度石硫合剂等。

③除草剂。用来消灭或控制农田、果园杂草的药剂。

a. 按作用性质分类。包括选择性、灭生性除草剂。

选择除草剂：只杀死杂草而不伤害作物，甚至只杀某一种或某类杂草的除草剂，如乙草胺、丁草胺、丙草胺、氰氟草酯等。

灭生性除草剂：在正常用量下，杂草和作物均被杀死，如百草枯、草甘膦、草铵膦等。

b. 按作用方式分类。

触杀性除草剂：草铵膦等。

内吸性除草剂：草甘膦、苄嘧磺隆等。

④植物生长调节剂。对植物生长起促进或抑制作用的药剂，如赤霉酸、芸薹素内酯、三十烷醇等。

按作用方式分类：

生长素类：可促进植物器官生长，延迟器官脱落，诱导花芽分化，促进坐果结实等，如吲哚乙酸、吲哚丁酸等。

赤霉素类：主要促进细胞生长，促进开花，打破休眠等，如赤霉酸等。

细胞分裂素类：主要促进细胞分裂、保持地上部绿色、延缓衰老，如6-苄基氨基嘌呤等。

⑤杀鼠剂。用于杀灭鼠类的药物，如溴敌隆和敌鼠钠盐等。

3. 农药名称 农药名称是它的生物活性有效成分的称谓。一般来说，一种农药的名称有化学名称、通用名称和注册商标。

（1）化学名称。按农药有效成分的化学结构，根据化学命名原则，定出的农药有效成分化合物的名称。

（2）通用名称。即农药品种简短的学名，是标准化机构规定的农药生物活性有效成分的名称。

（3）注册商标。农药生产企业为其产品流通需要在有关管理机关登记注册所用注册商标。

4. 农药毒性 农药的毒性是其能否危害环境与人畜安全

的主要指标。急性毒性是衡量农药毒性强弱的常用指标，我国农药毒性的分级标准为五级：剧毒、高毒、中等毒、低毒和微毒。

5. 农药剂型 农药企业生产出来未经加工的农药称为原药，如果固体状态则称为原粉，液体态则称为原油。将原药与多种配加物（如助剂、润湿剂等）一起经过一定的工艺处理而制成的具有一定组分和规格的农药形态称为农药剂型。根据用途，一种农药可以加工成多种剂型。一种剂型可以制成多种不同用途、不同含量的产品，称为农药制剂。

目前，农药剂型种类有 50 多种，我国常用的主要剂型包括：可湿性粉剂（WP）、乳油（EC）、悬浮剂（SC）、水分散粒剂（WG）、可溶性粉剂（SP）、水剂（AS）、水乳剂（EW）、粉剂（DP）、悬乳剂（SE）、干悬浮剂（DF）、微乳剂（ME）、微囊悬浮剂（CS）、油悬浮剂（OF）、颗粒剂（GR）、可溶性液剂（SLX）、可溶性粒剂（SG）、熏蒸剂（VP）、气雾剂（AE）、烟剂（FU）、泡腾片剂（PP）等。

6. 农药选购

（1）看包装。购买农药前要确定需要防治的病虫害种类，主治什么、兼治什么，然后才能选择农药品种。购买农药时要认真识别农药的标签和说明，凡是合格的商品农药，有产品说明书和合格证，在标签和说明书上都标明农药品名、有效成分含量、注册商标、批号、生产日期、保质期和"三证"号（即农药登记证号、生产批准证号和产品标准号）。

不要购买"三证"不全和没有"三证"号的农药。此外，还要仔细检查农药的外包装，凡是标签和说明书模糊不清或无正规标签的农药不要购买。

（2）看外观。如果粉剂、可湿性粉剂、可溶性粉剂有结块现象，水剂有浑浊现象，乳油不透明，颗粒剂中粉末过多等，这些农药属失效或低劣农药不要购买。

根据农药包装认清农药种类。农药包装上印有不同颜色的标示带，用于标示不同类别的农药。红色为杀虫剂，黑色为杀菌剂，绿色为除草剂，蓝色为杀鼠剂，黄色为植物生长调节剂。某些复配的农药产品标签上有时会出现两条以上的标示带。

7. 农药药害 农药对植物的药害是指因施用农药不当而使植物生长发育异常，包括植株生理变化异常、生长停滞、植株变态、果实丧失固有风味，甚至死亡等一系列症状。

造成植物药害的原因：主要施用农药易产生药害。不同类型的农药造成植物药害风险不同，一般来说，植物性、微生物农药对植物最安全，菊酯类、有机磷农药对植物比较安全，除草剂和植物生长调节剂产生药害的可能性要大些。剂型不同引起药害程度也不同，油剂、乳油剂比较容易引起药害，可湿性粉剂、粉剂、颗粒剂比较安全。

在植物敏感生育期，如幼苗期、花期、孕穗期以及嫩叶、幼果期施药对植物比较敏感，容易产生药害。

制剂加工质量差，或分解失效，都容易产生药害。

农药使用浓度过高、使用量过大、混用不当、雾滴粗大和喷施不均等均会引起药害，如农药使用在温度过高或过低、湿度过大、日照过强易产生药害。

药害发生后的补救措施：①如属叶面和植株喷洒后引起的药害，且发现及时，可迅速用大量清水喷洒受害部位，反复喷洒2～3次，并增施磷、钾肥，中耕松土，促进根系发育，以增加作物的恢复能力。②对叶面药斑、叶缘枯焦或植株黄化的药害，可增施肥料，促进植物恢复生长，减轻药害程度。③对一些水田除草剂引起的药害，适当排灌可减轻药害程度。④对抑制或干扰植物生长的除草剂，在发生药害后，喷施赤霉酸等激素类植物生长调节剂，可缓解药害程度。

(二) 安全科学使用农药

安全科学使用农药原则是：合理选择、对症施药、适时施药、适量用药、交替轮换、科学混配、精准施药、高效机械、科学对水、剂型友好、安全间隔。

1. 科学选用农药 农药的品种很多，特点不同，应针对要防治的对象，选择最适合的品种，防止误用，并尽可能选用对天敌杀伤作用小的农药品种。

选购农药的原则：

（1）按照国家政策和有关法规规定选购农药。

（2）应选择已获准登记"三证"齐全的农药。

（3）根据农作物防治对象和发生为害特点选择已登记用于该种防治对象的农药。

（4）严禁选用国家禁止生产、使用的农药。

2. 安全科学使用农药

（1）选择高效施药器械。农药喷雾器种类很多，有手动喷雾器、电动喷雾器、机动喷雾器、车载喷雾器、弥雾机、植保无人机、有人直升机等。应选择正规厂家生产的药械，掌握施药器械的操作技能，注意产品的使用维护，避免跑、冒、滴、漏，并定期更换磨损的喷头。

（2）适时施药。根据病虫监测调查结果，达到防治指标的田块应该及时施药防治，未达到防治指标的不必施药。施药时间一般根据有害生物的发育期、作物生长进度和农药品种而定，还应考虑田间天敌状况，尽可能避开天敌对农药敏感期施用。既不能单纯强调"治早、治小"，也不能错过有利防治时期。

（3）适量施药。任何种类农药均需按照推荐用量使用，不能任意增减。为了做到准确，应将施用面积量准，药量和加水量称准，不能草率估计，以防造成作物药害或影响防治效果。

（4）均匀施药。喷施农药时必须使药剂均匀周到地分布在作物或有害生物表面，以保证取得好的防治效果。现在使用的大多数内吸杀虫剂和杀菌剂，以向植株上部传导为主，称"向顶性传导作用"，很少向下传导的，因此也要喷洒均匀周到。

（5）合理轮换用药。在一个地区长期连续使用单一品种农药，容易使有害生物产生抗药性，连续使用数年，防治效果即大幅度降低。轮换使用作用机制不同的品种，是延缓有害生物抗药性的有效方法之一。

（6）合理混配用药。合理地混用农药可以提高防治效果，延缓有害生物产生抗药性。

混配用药的主要原则是：混用必须增效，不能增加对人、畜的毒性，有效成分之间不能发生化学变化；要随用随配，不宜贮存；为了达到提高施药效果的目的，将作用机制或防治对象不同的两种或两种以上的商品农药混合使用。但不可盲目混用，因为有些种类的农药混合使用时不仅起不到好的作用，反而会使药剂的质量变坏或使有效成分分解失效，浪费了药剂。

（7）注意安全间隔期。安全间隔期是指最后一次施用农药距离作物采收的时间安全间隔。农药在施用后分解速度不同，残留时间长的品种，不能在临近收获期使用。《农药安全使用规定》和《农药合理使用准则》规定了各种农药在不同作物上的"安全间隔期"，即在收获前多长时间停止使用某种农药。

（8）注意保护环境。施用农药须防止污染附近水源、土壤等，一旦造成污染，可能影响水产养殖或人、畜饮水等，而且难于治理。

3. 安全科学使用农药注意事项

（1）施药人员应符合要求。施药人员应身体健康，经过专业技术培训，具备一定的植保知识，严禁儿童、老人、体弱多病者及经期、孕期、哺乳期妇女参与施用农药。施药人员需要穿着防护服，不得穿短袖上衣和短裤进行施药作业。

（2）施药时注意事项

①选择好天气施药。田间的温度、湿度、雨露、光照和气流等气象因子对施药质量影响很大，应避免在雨天及风力大于3级（风速大于4米/秒）的条件下施药，在刮大风和下雨等气象条件下施用农药，对药效影响很大，不仅污染环境，而且易使喷药人员中毒。刮大风时，药雾随风飘扬，使作物病菌、害虫、杂草表面接触到的药液减少，即使已附着在作物上的药液，也易被吹拂挥发，振动散落，大大降低防治效果。刮大风时，易使药液飘落到施药人员身上，增加中毒机会。刮大风时，如果施用除草剂，易使药液飘移，有可能造成药害。下大雨时，作物上的药液被雨水冲刷，既浪费了农药降低了药效，且污染环境。

②选择适宜时间施药。在气温较高时施药，施药人员易发生中毒。由于气温较高，农药挥发量增加，田间空气中农药浓度上升，加之人体散热时皮肤毛细血管扩展，农药经皮肤和呼吸道吸入，引起中毒的危险性就增加。所以喷雾作业时，应避免夏季中午高温（30℃以上）的条件下施药。夏季高温季节喷施农药，要在上午10时以前和下午4时以后进行。对光敏感的农药选择在上午10时以前或傍晚施用。施药人员每天喷药时间一般不得超过6小时。

（3）施药操作要安全规范

①进行喷雾作业时，应尽量采用低容量的喷雾方式。要保持人体处于上风方向喷药，实行顺风、隔行前进或退行，避免在施药区穿行。严禁逆风喷洒农药，以免药雾吹到操作者身上。

②为保证喷雾质量和药效，在风速过大（大于5米/秒）和风向常变不稳时不宜喷药。特别在在喷洒除草剂时，当风速过大时容易引起雾滴飘移，造成邻近敏感作物药害。在使用触杀性除草剂时，喷头一定要加装防护罩，避免雾滴飘移引起邻近敏感作物药害。另外，喷洒除草剂时喷雾压力不要太大，避

免高压喷雾作业时产生的细小雾滴引起的雾滴飘移。

③在温室大棚等设施内施药时，应尽量避免常规大容量喷雾技术，最好采用低容量喷雾法。采用烟雾法、粉尘法、电热熏蒸法等施药技术，应在傍晚进行，并同时封闭棚室，第二天将棚室通风1小时后人员方可进入。如在温室大棚内进行土壤熏蒸消毒，处理期间人员不得进入棚室，以免发生中毒。

（4）用药档案记录。每次施药应记录天气状况、用药时间、药剂名称、防治对象、用药量、加水量、喷洒药液量、施用面积、防治效果、安全性。

（5）农药的安全贮藏与保管。农药是特殊商品，如果贮藏不当，就会变质，甚至失效，也有产生其他有害作用的可能。要仔细制订购买计划，以缩短贮藏时间和避免过剩。农药的贮存条件要符合标签上的要求，尤其要避免将农药贮存在其限定温度以外的条件下。贮藏的农药在任何时候都必须做到安全、保险。

（三）科学配制农药

配制农药分为两个步骤：第一步是量取农药，第二步是配制农药。

1. 量取农药

（1）如何准确量取所需要的农药用量。首先要准确核定施药面积，根据农药标签或植保人员推荐的农药使用剂量、使用浓度，计算用药量和施药液量。

（2）农药使用浓度通常用3种方式表示：百分比浓度、倍数浓度、百万分比浓度。

①百分比浓度。是指药液中农药有效成分的百分比含量。如配制0.01％的噻嗪酮药液，是指配制成的药液中含有0.01％噻嗪酮有效成分。

例如配制15千克0.01％噻嗪酮药液，所需25％噻嗪酮可湿性粉剂的剂量计算如下。

制剂用量＝使用浓度×药液量（0.01％×15 千克）/

制剂的百分比含量（25％）＝6 克

即称取 6 克 25％噻嗪酮可湿性粉剂，加入 15 千克水中，搅拌均匀，即为 0.01％的噻嗪酮药液。

②倍数浓度。农药标签是经常遇到该农药使用多少倍液的标注，这是指水的用量为制剂用量的多少倍。例如，配制 10％吡虫啉可湿性粉剂 3 000 倍液 15 千克，可用下列公式计算每亩制剂用量：

每亩制剂用量＝亩用液量（15 千克）×1 000/

稀释倍数（3 000）＝5 克

即称取 5 克 10％吡虫啉粉剂，加入 15 千克水中，搅拌均匀即成 10％吡虫啉 3 000 倍液。

③百万分比浓度。百万分比浓度即 ppm 浓度（ppm 现已禁用——编者注），即一百万份药液中含农药有效成分的份数。用毫克/千克、毫克/升或克/米^3 表示。例如，配制 400 毫克/千克的吡虫啉药液 15 千克，每亩需要 10％吡虫啉可湿性粉剂制剂用量，可以用以下公式计算：

每亩制剂用量＝百万分比浓度×10^{-6}×亩用药液量/制剂含量

＝（400×10^{-6}×15×1 000）/10％＝60 克

所以，配制 400 毫克/千克的吡虫啉药液 15 千克，需要 10％吡虫啉可湿性粉剂 60 克。

2. 配制农药注意事项

（1）量取和称量农药应在避风处操作。

（2）所有称量器具在使用后都要清洗，冲洗后的废液应在远离居所、水源和作物的地点妥善处理。用于量取农药的器皿不得作其他用途。

（3）在量取或称取农药后，封闭原农药包装并将其安全贮存。农药在使用前应始终保存在其原包装中。

（4）选择在远离水源、居所、畜禽并在通风良好的场所配制农药。

（5）现用现配，不宜久置。短时存放时，应密封并安排专人保管。

（6）根据不同的施药方法和防治对象、作物种类和生长时期确定施药液量。

（7）选择没有杂质的清水配制农药，不能用配制农药的器具直接取水，药液不应超过额定容量。

（8）根据农药剂型，按照农药标签推荐的方法配制农药。

（9）采用"二次法"进行操作。

（10）配制现混现用的农药，应按照农药标签上的规定或在植保技术人员的指导下操作。

表6-1　脐橙主要病虫害防治药剂推荐名录

防治对象	主要农药名称、含量及剂型	建议稀释倍数	施药适期
介壳虫	45%石硫合剂晶体	300～500倍液	幼蚧盛孵高峰期
	22.4%螺虫乙酯悬浮剂	3 750～4 650倍液	
	25%噻虫嗪水分散粒剂	2 000～3 000倍液	
	25%噻嗪酮可湿性粉剂	1 000～1 500倍液	
红蜘蛛	1.8%阿维菌素乳油	1 500～2 000倍液	盛发初期施药1次，间隔10～15天再施药1次
	240克/升螺螨酯悬浮剂	3 000～4 000倍液	
	73%炔螨特乳油	2 000～3 000倍液	
	15%哒螨灵乳油	1 000～1 500倍液	
	5%唑螨酯悬浮剂	1 000～1 500倍液	
	43%联苯肼酯悬浮剂	4 000～5 000倍液	
	11%乙螨唑悬浮剂	3 000～4 000倍液	
	5%噻螨酮乳油	1 000～2 000倍液	
	30%乙唑螨腈悬浮剂	3 000～4 000倍液	
	20%双甲脒乳油	1 000～1 500倍液	
	50%苯丁锡悬浮剂	2 000～3 000倍液	

（续）

防治对象	主要农药名称、含量及剂型	建议稀释倍数	施药适期
蚜虫	1.5%苦参碱水剂	2 000～3 000 倍液	盛发初期
	20%啶虫脒可湿性粉剂	3 000～5 000 倍液	
	10%烯啶虫胺水剂	4 000～5 000 倍液	
	10%吡虫啉可湿性粉剂	2 000～3 000 倍液	
	25%噻虫嗪水分散粒剂	2 000～3 000 倍液	
木虱	25%噻虫嗪水分散粒剂	2 000～3 000 倍液	嫩梢发现有若虫为害
	4.5%联苯菊酯水乳剂	1 500～2 500 倍液	
	2.5%高效氯氟氰菊酯	2 000～3 000 倍液	
	40%噻虫啉悬浮剂	4 000～5 000 倍液	
	20%噻虫胺悬浮剂	3 000～4 000 倍液	
	15%唑虫酰胺悬浮剂	2 000～3 000 倍液	
	25%呋虫胺水分散粒剂	3 000～4 000 倍液	
锈壁虱	1.8%阿维菌素乳油	1 500～2 000 倍液	低龄若虫高峰期
	50 克/升虿螨脲乳油	1 500～2 500 倍液	
	5%唑螨酯悬浮剂	800～1 000 倍液	
	50%苯丁锡悬浮剂	2 000～3 000 倍液	
潜叶蛾	0.3%印楝乳油	400～600 倍液	夏、秋梢抽发期
	1.8%阿维菌素乳油	1 500～2 000 倍液	
	10%联苯菊酯乳油	4 000～5 000 倍液	
	20%氰戊菊酯乳油	4 000～6 000 倍液	

（续）

防治对象	主要农药名称、含量及剂型	建议稀释倍数	施药适期
溃疡病	77%硫酸铜钙可湿性粉剂	400～600 倍液	发病初期施药1次，间隔7～10 天再施药1次
	33.5%喹啉铜悬浮剂	1 500～2 000 倍液	
	12%松脂酸铜悬浮剂	400～600 倍液	
	3%中生菌素可湿性粉剂	600～800 倍液	
	20%噻唑锌悬浮剂	300～500 倍液	
	20%噻菌铜悬浮剂	400～600 倍液	
	70%王铜可湿性粉剂	1 000～1 200 倍液	
	77%氢氧化铜可湿性粉剂	400～600 倍液	
	47%春雷·王铜可湿性粉剂	500～800 倍液	
	3%噻霉酮微乳剂	400～600 倍液	
炭疽病	25%咪鲜胺乳油	1 000～1 500 倍液	发病初期施药1次，间隔7～10 天再施药1次
	80%代森锰锌可湿性粉剂	400～600 倍液	
	25%溴菌腈可湿性粉剂	1 000～1 500 倍液	
	70%甲基硫菌灵可湿性粉剂	1 000～1 500 倍液	
	250 克/升嘧菌酯悬浮剂	800～1 000 倍液	
	30%吡唑醚菌酯乳油	3 000～4 000 倍液	
	50%咪鲜胺盐可湿性粉剂	2 000～3 000 倍液	
	12.5%氟环唑悬浮剂	2 000～2 500 倍液	
树脂病	80%代森锰锌可湿性粉剂	400～600 倍液	发病初期施药1次，间隔7～10 天再施药1次
	70%丙森锌可湿性粉剂	400～600 倍液	
	50%克菌丹可湿性粉剂	400～600 倍液	
	70%甲基硫菌灵可湿性粉剂	1 000～1 500 倍液	
	430 克/升戊唑醇悬浮剂	2 000～3 000 倍液	
	10%氟哇唑水乳剂	1 500～2 000 倍液	
	25%苯醚甲环唑微乳剂	2 000～3 000 倍液	

（续）

防治对象	主要农药名称、含量及剂型	建议稀释倍数	施药适期
疮痂病	37%苯醚甲环唑水分散粒剂	3 000～4 000 倍液	发病初期施药1次，间隔7～10 天再施药1次
	80%代森锰锌可湿性粉剂	400～600 倍液	
	75%百菌清可湿性粉剂	800～1 000 倍液	
	60%唑醚·代森联水分散粒剂	1 000～2 000 倍液	
	75%肟菌·戊唑醇水分散粒剂	4 000～6 000 倍液	

第七章
脐橙园经营管理与市场营销

20 世纪 90 年代以后，世界柑橘鲜果贸易市场进入价格波动的年代，被称之为管理者的年代，也就是生产管理者进入向管理要效益的时代。要更加努力工作，提高管理效率，才能维持可接受的利润水平。必须高度重视降低管理成本，关注利润最大化，而不是产量最大化。产区不同之间，各种生产要素价格的差异较大。企业规模开发的基地与农民自主经营的家庭脐橙园，影响经营管理的因子也不同。本章以赣南脐橙主产区家庭脐橙园为例，就脐橙园的建立、生产经营管理和市场营销进行阐述。

一、脐橙园建立投资概算

（一）脐橙园建立成本构成

脐橙园建立投资成本包括土地租金、土地整理、改土、水电路建设、基肥、苗木、苗木定植、生产工具等。

1. 土地租金 土地租金为脐橙园建立所占土地的租赁费用。为计算统一，农民完全在自留山上建立脐橙园，虽然没有现金支付土地费用，也按照市场价格计算土地租金。

2. 整地 是指土地整理所产生的费用。赣南大部分脐橙园建立在丘陵山地，为方便今后生产管理，脐橙园建立之前要将坡地改造成等高水平梯田。

3. 改土 即为土壤改良所产生的费用。赣南丘陵山地红壤，黏、酸、瘦是制约脐橙高产、优质的一大障碍。因此，改土成为确保脐橙园获得高产、优质和较好经济效益的必备措施。

4. 水、电、路等基础设施建设 家庭脐橙园以解决脐橙园灌溉为主要目的，由取水点、蓄水池、管道和动力设备组成，争取做到取水、用水方便。也可创造条件，实施节水灌溉或水肥一体化工程。

220伏两相电输电线路要接到园内重要场所，以便取水动力设备、机动喷药设备的正常使用。

以简单实用，能满足肥料、果品等大宗物品运输为目的，合理布局好主路和小区路。

5. 基肥与做堆 指苗木定植前施基肥和做定植堆所需劳动力费用。苗木定植前，每个定植点应施足定植基肥，并按要求与土充分拌匀，做成直径1米、高20～30厘米的定植堆。

6. 苗木与定植 指苗木购买费用和苗木定植工资。

7. 生产工具 一般性生产工具与其他农业生产通用，比较特殊的修枝剪、锯和采果剪，数量少，使用年限长，购置费用不高，不作成本计算。这里主要是指果园内喷药管道材料购买、铺设及喷雾机的购置费用。

（二）脐橙园建立成本概算

1. 土地租金 赣南产区土地租金主要有以林权证面积和实际开挖梯田面积两种计算方法。林权证面积即为所租用山地林权证书上标注的山地面积。大多20～30元/（亩·年），分年度支付。实际开挖梯田面积即是所租用山地实际开挖等高水平梯田面积，用梯田长度计算，按 160 米/亩折算成面积，50～75 元/（亩·年）。以 30 年计，为 1 500～2 250 元/亩。

2. 整地　将坡地改造成 3 米左右宽的等高水平梯田（含开挖宽 100 厘米、深 70 厘米种植壕沟），一台 120 型挖掘机每天工作 8 小时，可修筑等高梯田（包含果园内的基本道路）250～260 米，120 型挖掘机费用 180 元/小时，8 小时为 1 440 元。每亩地的整地费用为 886.2～921.6 元/亩。

3. 改土　改土的主要工作是每米种植壕沟分两层填埋 15～20 千克杂草。

杂草：15～20 元/米，0.4 元/千克，6～8 元/米，960～1 280 元/亩。

回填工资：2 元/米，320 元/亩。

两项合计为 1 280～1 600 元/亩

4. 水、电等基础设施　水、电设施包括输电线路、水井、抽水机、供给水管道、水池等，按 600 元/亩计算。

5. 定植基肥和定植堆

基肥：每个定植点施基肥（鸭粪）7.5～10 千克或花生枯饼 1 千克、钙镁磷肥 1 千克、生石灰 1 千克。鸭粪 0.40～0.45 元/千克（花生枯饼 2.6～3.0 元/千克），3～4.5 元；钙镁磷肥 0.5 元/千克，0.5 元；生石灰 0.4 元/千克，0.4 元。每个定植点施基肥成本 3.9～5.4 元，每亩按 65～70 株计算，253.5～378 元/亩；

做堆工资：每亩按 65～70 个定植堆、0.8 元/个计算，每亩为 52～65 元/亩；

两项合计为 305.5～443 元/亩。

6. 苗木与定植　苗木（无病毒容器苗）：按 65～70 株/亩、6.0 元/株计算，每亩苗木购买费用为 390～420 元/亩。

苗木定植工资：每株苗木定植工资按 2.0 元/计算，每亩为 130～140 元/亩；

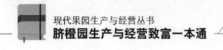

两项合计为 520～560 元/亩。

7. 生产工具 根据赣南大多数脐橙园生产的实际情况，脐橙园内喷药管道材料购买、铺设及喷雾机的购置，折合 120 元/亩。

以上七个方面合计为 5 211.7～6 494.6 元/亩。即建立一个家庭脐橙园，从开山整地到苗木定植完成，投资成本为 5 200～6 500 元/亩。如果脐橙园完全是建在自留山上，改土所需的草料、回填和苗木定植堆及定植都由农民自己投劳完成，实际的现金投入可减少 2 962～4 055 元/亩，即现金投入 2 300～2 500 元/亩就可建立 1 亩家庭脐橙园。

二、脐橙园的经营管理

随着全球经济一体化的实现，脐橙鲜果的市场竞争将越来越激烈。主要表现为质量、价格和产品更新（对柑橘业则表现为优新品种的更新率），价格的竞争实质上是生产管理成本的竞争。

（一）脐橙园生产管理成本

家庭脐橙园正常生产管理的成本主要是肥料、农药和劳动力三大要素。

1. 一年生幼树 定植后第一年的幼树，新梢抽生次数多，每一次抽梢不是太整齐，每株树每一次喷药的药量不多，但次数多。肥料管理是每 10 天浇施一次水溶性肥料，也是每株树每一次的施用量不大、次数多。因此，定植后第一年的幼树，物资投入量少，劳动用工多。劳动用工成本占总成本的 60% 以上。

赣南大多数家庭脐橙园，定植后第一年生产管理成本农药（购买成本）为 1.5～2 元/株，97.5～140 元/亩；肥料（购买成本）7.0～8.0 元/株，455～560 元/亩；劳动用工 8～10 元/株，520～700 元/亩（7～10 个工日）。合计为 1 072.5～1 410 元/亩，平均每株的管理成本为 16.5～20.15 元/株。如脐橙园日常生产管理完全由农民自己投工投劳，定植第一年的幼树管理直接的现金投入为 552.5～700 元/亩，8.5～10 元/株。

2. 二年生幼树　二年生幼树，生长发育有了一定的规律，生产管理围绕新梢生长来进行，每抽生一次新梢，喷 2～3 次药、施 2 次肥（攻梢肥和壮梢肥）。与一年生树相比较，物资投入成本增加，劳动用工成本变化不大。

农药 3～4 元/株，195～280 元/亩；肥料 10～12 元/株，650～840 元/亩；劳动用工 10～12 元/株，650～840 元/亩（9～12 个工日）。合计为 1 495～1 960 元/亩，平均每株的管理成本为 23～28 元/株。剔除劳动用工投入，二年生幼树管理直接的现金投入为 845～1 120 元/亩，13～16 元/株。

3. 三、四、五年生幼龄结果树　三、四、五年生的脐橙果树，开始进入幼龄结果期，面临进一步扩大树冠和逐步提高产量两大任务，生产管理也是围绕这两大中心任务进行。施肥量、喷药量随着树冠的扩大、产量的增加而逐步增加。

三年生树：农药 5～7 元/株，325～490 元/亩；肥料 11～13 元/株，715～910 元/亩；劳动用工 11～13 元/株，715～910 元/亩（10～13 个工日）；采果用工（平均 12.5 千克/株、0.14 元/千克计算）1.75 元/株，113.75～122.5 元/亩。合计 1 868.75～2 432.5 元/亩，平均每株树管理成本为 28～35 元/株。剔除劳动用工投入，生产管理成本为 1 153.75～1 522.5 元/亩，18～22 元/株。

四年生树：农药 6～9 元/株，390～630 元/亩；肥料 12～14 元/株，780～980 元/亩；劳动用工 12～15 元/株，780～1 050元/亩（12～15 工日）；采果用工（平均 25 千克/株、0.14 元/千克计算）3.5 元/株，227.5～245 元/亩。合计

2 177.5~2 905 元/亩，平均每株树管理成本为 34~41 元。剔除劳动用工投入（采果工资除外），生产管理成本为 1 397.5~1 855 元/亩，20~25 元/株。

五年生树：农药 8~10 元/株，520~700 元/亩；肥料 13~16 元/株，845~1 120 元/亩；劳动用工 14~16 元/株，910~1 120 元/亩（13~16 个工日）；采果用工（平均 35 千克/株、0.14 元/千克计算）4.9 元/株，318.5~343 元/亩。合计 2 593.5~3 283 元/亩，平均每株树管理成本为 40~47 元。剔除劳动用工投入（采果工资除外），生产管理成本为 1 683.5~2 163 元/亩，25~30 元/株。

4. 六年生以上树 脐橙果树六年生以后进入盛果期，树冠不再扩大，产量也趋于稳定，生产管理成本也相对固定。农药 9~11 元/株，585~770 元/亩；肥料 18~20 元/株，1 170~1 400 元/亩；劳动用工 18~20 元/株，1 170~1 400 元/亩（16~20 个工日）；采果用工（平均 50 千克/株、0.14 元/千克计算）7 元/株，455~490 元/亩。合计 3 380~4 060 元/亩，平均每株树管理成本为 52~58 元。剔除劳动用工投入（采果工资除外），生产管理成本为 2 210~2 660 元/亩，34~38 元/株。

（二）脐橙园效益估算

脐橙是丰产、稳产柑橘类果树，只要品种选择正确、适地适栽，定植后第三年开始挂果，以后随着树冠逐步扩大，产量逐年提高。第六年以后进入稳产期，树冠不再有扩大的需求，产量也相对稳定。

1. 加权成本法估算的效益 脐橙种植后第三年开始结果，平均单株产量 12.5 千克/株、平均鲜果销售价格按 3 元/千克计算，第三年平均每亩产值为 2 437.5~2 625 元/亩，剔除当年成本投入 1 868.75~2 432.5 元/亩，当年盈利 192.5~

568.75 元/亩。即建 1 亩脐橙园，第三年开始投产，当年收支平衡，略有盈利。第四年平均单株产量 25 千克/株，当年产值为 4 875～5 250 元/亩，剔除当年成本投入，盈利 2 697.5～3 500 元/亩。第五年平均单产量 35 千克/株，当年产值 6 825～7 350 元/亩，当年盈利 4 067～4 231.5 元/亩。第六年平均单产量 50 千克，当年产值 9 750～10 500 元/亩，当年盈利 6 370～6 440 元/亩。

按照加权平均成本法没有收入的前期投入累加记入成本，虽然第三年开始投产，当年收支平衡，略有盈利，但总收益还亏损 7 210.45～9 672.1 元/亩。第四年总收益亏损 4 512.95～7 327.1 元/亩，第五年总收益亏损 281.45～3 260.1 元，第六年总收益 3 179.9～6 088.55 元/亩，扭亏为盈（表 7-1）。即第六年可收回所有投资成本，并有 3 179.9～6 088.55 元/亩的盈利。前六年每亩累计投入为 13 108.95～22 545.1 元/亩，累计产值为 23 887.5～25 725 元/亩，投入产出比为 1：(1.14～1.82)。

若脐橙园建园和日常管理用工全部由果农自己投工投劳，第三年除去当年现金成本投入，当年盈利 1 102.5～1 283.75 元/亩。第四年当年盈利 3 395～3 477.5 元/亩，第五年当年盈利 5 141.5～5 187 元/亩，第六年当年盈利 7 540～7 840 元/亩。按照加权平均成本法计算，第三年总收益亏损 2 363.45～3 157.1 元/亩，第四年开始扭亏为盈，可完全收回所有现金投资，并有 237.9～1 114.05 元/亩的盈利（表 7-2）。前六年累计现金投入为 10 091.95～12 460.1 元/亩，累计产值为 23 887.5～25 725 元/亩，总收益 13 264.9～13 795.55 元/亩，投入产出比为 1：(2.06～2.37)。

2. 平均成本法估算的效益 脐橙是多年生常绿果树，经济寿命长，一般 30～60 年，生物学寿命则更长。如果将脐橙园建立的成本按照一定的年限分摊，脐橙园的经济效益将发生

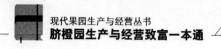

变化。

建园成本按 15 年分摊，第三年盈利－204.5～221.2 元/亩，累计收益为－4 476.5～－3 041.3 元/亩。第四年当年盈利 1 912～2 350 元/亩，累计收益为－2 564.5～－691.3 元/亩。第五年当年盈利 3 634～3 884 元/亩，累计收益为 1 069.5～3 192.7 元/亩。第六年当年盈利 6 007～6 022.5 元/亩，累计收益为 7 076～9 215.2 元/亩（表 7-3）。即如果将脐橙建园成本按 15 年分摊，第四年开始当年有盈利，第五年脐橙园累计收益开始有盈利。前六年累计总投资 14 672.3～18 648.5 元/亩，累计产值 23 887.5～25 725 元/亩，投入产出比为 1：（1.38～1.63）。

建园成本按 20 年分摊，第三年盈利－132.2～308.15 元/亩，累计收益为－4 151.6～－2 780.55 元/亩。第四年当年盈利 2 020.3～2 436.9 元/亩，累计收益为－2 131.3～343.65 元/亩。第五年当年盈利 3 742.3～3 970.9 元/亩，累计收益为 1 611～4 314.55 元/亩。第六年当年盈利 6 109.4～6 115.3 元/亩，累计收益为 7 726.3～10 423.95 元/亩（表 7-4）。即如果将脐橙建园成本按 20 年分摊，第三年开始当年有盈利，第四年脐橙园累计收益开始有盈利。前六年累计总投资 14 150.85～17 998.7 元/亩，累计产值 23 887.5～25 725 元/亩，投入产出比为 1：（1.43～1.69）。

（三）提高脐橙园效益的建议

1. 延长果园经营期 脐橙园建立投入和无收益的抚育期投入较大，回收较慢。一个脐橙园从建园到收回所有投入成本并开始有利润，一般需要 4～6 年。不管是家庭脐橙园还是公司化经营的脐橙基地，要想获得较好的经济效益，需要做到尽可能地延长果园经营期。狭义地说，果园经营期指的是土地租赁期，如果土地租赁期能够达到 30～50 年，水、电、路、改

表7-1 每亩脐橙园效益估算（含劳动力成本）

建园	项目	金额（元）	成本（元）	产量（千克）	产值（元）	当年收益（元）	总收益（元）
	土地租金	1 500～2 250					
	整地	886.2～921.6					
	改土	1 280～1 600					
	水、电等基础设施	600	5 211.7～6 494.6				
	定植基肥与定植堆	305.5～443					
	苗木与定植	520～560					
	生产工具	120					

树龄	单株成本（元）				成本（元）	产量（千克）	产值（元）	当年收益（元）	总收益（元）
	肥料	农药	劳动力	其他					
1	7.0～8.0	1.5～2	8～10		1 072.5～1 410				-7 904.6～-6 284.2
2	10～12	3～4	10～12		1 495～1 960				-9 864.6～-7 779.2
3	11～13	5～7	11～13	1.75	1 868.75～2 432.5	812.5～875	2 437.5～2 625	192.5～568.75	-9 672.1～-7 210.45
4	12～14	6～9	12～15	3.5	2 177.5～2 905	1 625～1 750	4 875～5 250	2 697.5～3 500	-7 327.1～-4 512.95
5	13～16	8～10	14～16	4.9	2 593.5～3 283	2 275～2 450	6 825～7 350	4 067～4 231.5	-3 260.1～-281.45
6	18～20	9～11	18～20	7	3 380～4 060	3 250～3 500	9 750～10 500	6 370～6 440	3 179.9～6 088.55

注：1. 亩栽65～70株；2. 肥料、农药、劳动力价格以现行价格计算；3. 鲜果销售价格平均以3元/千克计算；4. 其他为采果用工费用。

表7-2　每亩脐橙园效益估算（不含劳动力成本）

建园	项目	金额（元）	成本（元）	产量（千克）	产值（元）	当年收益（元）	总收益（元）
	土地租金	0					
	整地	886.2~921.6					
	改土	0	2 249.7~2 439.6				
	水、电等基础设施	600					
	定植基肥与定植槽	253.5~378					
	苗木与定植	390~420					
	生产工具	120					

树龄	单株成本（元）				成本（元）	产量（千克）	产值（元）	当年收益（元）	总收益（元）
	肥料	农药	劳动力	其他					
1	7.0~8.0	1.5~2	0	0	552.5~700				−3 139.6~−2 802.2
2	10~12	3~4	0	0	845~1 120				−4 259.6~−3 647.2
3	11~13	5~7	0	1.75	1 153.75~1 522.5	812.5~875	2 437.5~2 625	1 102.5~1 283.75	−3 157.1~−2 363.45
4	12~14	6~9	0	3.5	1 397.5~1 855	1 625~1 750	4 875~5 250	3 395~3 477.5	237.9~1 114.05
5	13~16	8~10	0	4.9	1 683.5~2 163	2 275~2 450	6 825~7 350	5 141.5~5 187	5 424.9~6 255.55
6	18~20	9~11	0	7	2 210~2 660	3 250~3 500	9 750~10 500	7 540~7 840	13 264.9~13 795.55

注：1. 亩栽65~70株；2. 肥料、农药以现行价格计算；3. 鲜果销售价格平均以3元/千克计算；4. 其他为采果用工费用。

表 7-3 每亩脐橙园效益估算（建园成本按 15 年分摊）

树龄	单株成本（元）				建园成本分摊（元）	成本（元）	产量（千克）	产值（元）	当年收益（元）	总收益（元）
	肥料	农药	劳动力	其他						
建园						5 211.7~6 494.6				
1	7~8	1.5~2	8~10		347.5~433	1 420~1 843	0	0	−1 843~−1 420	−1 843~−1 420
2	10~12	3~4	10~12		347.5~433	1 842.5~2 393	0	0	−2 393~−1 842.5	−4 236~−3 262.5
3	11~13	5~7	11~13	1.75	347.5~433	2 216.3~2 865.5	812.5~875	2 437.5~2 625	−240.5~221.2	−4 476.5~−3 041.3
4	12~14	6~9	12~15	3.5	347.5~433	2 525~3 338	1 625~1 750	4 875~5 250	1 912~2 350	−2 564.5~−691.3
5	13~16	8~10	14~16	4.9	347.5~433	2 941~3 716	2 275~2 450	6 825~7 350	3 634~3 884	1 069.5~3 192.7
6	18~20	9~11	18~20	7	347.5~433	3 727.5~4 493	3 250~3 500	9 750~10 500	6 007~6 022.5	7 076.5~9 215.2
7	18~20	9~11	18~20	7	347.5~433	3 727.5~4 493	3 250~3 500	9 750~10 500	6 007~6 022.5	13 083.5~15 237.7
8	18~20	9~11	18~20	7	347.5~433	3 727.5~4 493	3 250~3 500	9 750~10 500	6 007~6 022.5	19 090.5~21 260.2
9	18~20	9~11	18~20	7	347.5~433	3 727.5~4 493	3 250~3 500	9 750~10 500	6 007~6 022.5	25 097.5~27 282.7
10	18~20	9~11	18~20	7	347.5~433	3 727.5~4 493	3 250~3 500	9 750~10 500	6 007~6 022.5	31 104.5~33 305.2

注：1. 亩栽 65~70 株；2. 肥料、农药、劳动力价格以现行价格计算；3. 鲜果销售价格平均以 3 元/千克计算；4. 其他为采果用工费用。

表 7-4　每亩脐橙园效益估算（建园成本按 20 年分摊）

| 树龄 | 单株成本（元） | | | | 建园成本分摊（元） | 成本（元） | 产量（千克） | 产值（元） | 当年收益（元） | 总收益（元） |
	肥料	农药	劳动力	其他						
建园						5 211.7~6 494.6				
1	7~8	1.5~2	8~10	1.75	260.6~324.7	1 333.1~1 734.7	0	0	-1 734.7~-1 333.1	-1 734.7~-1 333.1
2	10~12	3~4	10~12	3.5	260.6~324.7	1 755.6~2 284.7	0	0	-2 284.7~-1 755.6	-4 019.4~-3 088.7
3	11~13	5~7	11~13	4.9	260.6~324.7	2 129.35~2 757.2	812.5~875	2 437.5~2 625	-132.2~308.15	-4 151.6~-2 780.55
4	12~14	6~9	12~15	7	260.6~324.7	2 438.1~3 229.7	1 625~1 750	4 875~5 250	2 020.3~2 436.9	-2 131.3~-343.65
5	13~16	8~10	14~16	7	260.6~324.7	2 854.1~3 607.7	2 275~2 450	6 825~7 350	3 742.3~3 970.9	1 611~4 314.55
6	18~20	9~11	18~20	7	260.6~324.7	3 640.6~4 384.7	3 250~3 500	9 750~10 500	6 109.4~6 115.3	7 726.3~10 423.95
7	18~20	9~11	18~20	7	260.6~324.7	3 640.6~4 384.7	3 250~3 500	9 750~10 500	6 109.4~6 115.3	13 841.6~16 533.35
8	18~20	9~11	18~20	7	260.6~324.7	3 640.6~4 384.7	3 250~3 500	9 750~10 500	6 109.4~6 115.3	19 956.9~22 642.75
9	18~20	9~11	18~20	7	260.6~324.7	3 640.6~4 384.7	3 250~3 500	9 750~10 500	6 109.4~6 115.3	26 072.2~28 752.15
10	18~20	9~11	18~20	7	260.6~324.7	3 640.6~4 384.7	3 250~3 500	9 750~10 500	6 109.4~6 115.3	32 187.5~34 861.55

注：1. 亩栽 65~70 株；2. 肥料、农药、劳动力价格以现行价计算；3. 鲜果销售价格平均以 3 元/千克计算；4. 其他为采果用工费用。

土等建园投入和无收益期脐橙园抚育成本分摊到每一年的份额将大幅下降，也极大地降低果园投资风险。广义地说，果园经营期指的是单位面积土地上脐橙果树的经济寿命。作为脐橙园的经营者，应该采用科学、先进的生产管理技术，精心管理，尽可能地延长脐橙果树的经济寿命。特别是在柑橘黄龙病疫区，更要贯彻落实"种柑橘就要防黄龙病，防黄龙病必须持久"的思想，尽最大可能将柑橘黄龙病为害程度降到最低，延长收益年限。

2. 精准施肥、用药，降低生产成本 在叶片营养诊断、测土配方施肥还不能完全实用化的现阶段，可根据历年平均产量或当年预计产量，以产定量施肥；采用水肥一体化技术，以水带肥，充分发挥肥效，提高肥料利用率。加强脐橙园的日常管理，创造不利于病虫害发生的环境条件；培育健壮的树体，增强脐橙果树的抗病能力和耐病能力；根据病虫害发生消长规律，抓住关键时间，适时对症使用化学农药防治病虫；推广使用高效施药机械及低容量喷雾、静电喷雾等先进施药技术，提高用药效率，降低生产成本。

3. 高品质连年丰收 高品质果实连年丰收是降低生产成本、提高脐橙园经济效益最有力的举措。果农在经营脐橙园时，应综合应用先进、实用的集成技术，努力提高脐橙园单位面积产量和提升果实品质。

三、脐橙果品的市场销售

脐橙果品的市场营销是脐橙生产经营的最后环节，也是关系到果农生产收益最终要实现的环节。本章以赣南脐橙为例，借鉴赣南脐橙市场体系建设的成功经验，阐述脐橙的市场营销。

（一）农产品市场营销基础知识

1. 市场细分、目标市场与市场定位

（1）市场细分。就是企业根据市场需求的多样性和购买者行为的差异性，把整体市场即全部顾客和潜在顾客，划分为若干具有某种相似特征的顾客群，以便选择确定自己的目标市场。

共分三个阶段：

第一阶段，大量营销。企业面向整个市场大量生产销售同一品种规格的产品，试图满足所有顾客对同类产品的需求。其优点是可节省产品的生产和营销成本，取得规模经济效益；缺点是产品形式单一，不能满足市场多样化的需求，缺乏竞争力。

第二阶段，产品多样化营销。企业生产经营多种不同规格、质量、特色和风格的同类产品，以适应各类顾客的不同需要，为顾客提供较大的选择范围。但这种多样化营销并不是建立在市场细分基础上的，不是从目标市场的需要出发来组织生产经营的。

第三阶段，目标市场营销。企业通过市场细分选择一个或几个细分部分（子市场）作为自己的目标市场，专门研究其需求特点，并针对其特点设计适当产品，确定适当价格，选择适当的分销渠道和促销手段，开展市场营销活动。

市场细分的前提是市场行为的差异性及由此决定的购买者动机和行为的差异性，要求对市场进行细分；市场需求的相似性；买方市场的形成迫使企业要进行市场细分。

市场细分有利于巩固现有的市场阵地；有利于企业发现新的市场机会，选择新的目标市场；有利于企业的产品适销对路；有利于企业制定适当的营销战略和策略。

（2）市场细分的标准。

①地理环境因素。消费者所处的地理环境和地理位置，包括地理区域（如国家、地区、南方、北方、城市、乡村）、地形、气候、人口密度、生产力布局、交通运输和通讯条件等。

②人口和社会经济状况因素。包括消费者的年龄、性别、家庭规模、收入、职业、受教育程度、宗教信仰、民族、家庭生命周期、社会阶层等。

③商品的用途。要分析商品用在消费者吃、喝、穿、用、住、行的哪一方面，要分析不同的商品是为了满足消费者的哪一类（生理、安全、社会、自尊、自我实现）需要，从而决定采用不同的营销策略。

④购买行为。主要是从消费者购买行为方面的特性进行分析。如购买动机、购买频率、偏爱程度、网上购买及敏感因素（质量、价格、服务、广告、促销方式、包装）等方面判定不同的消费者群体。

（3）目标市场营销策略及其影响因素。

①目标市场和目标市场营销。

目标市场：就是企业期望并有能力占领和开拓，能为企业带来最佳营销机会和最大经济效益的具有大体相近需求、企业决定以相应商品和服务去满足其需求并为其服务的消费者群体。

目标市场营销：企业通过市场细分选择了自己的目标市场，专门研究其需求特点并针对其特点提供适当的产品或服务，制定一系列的营销措施和策略，实施有效的市场营销组合。

②目标市场营销策略。

无差异市场策略：企业面对整个市场，只提供一种产品，采用一套市场营销方案吸引所有的顾客，它只注意需求的共性。优点是生产经营品种少、批量大，节省成本的费用，提高利润率。缺点是忽视了需求的差异性，较小市场部分需求得不到满足。

差异市场策略：企业针对每个细分市场的需求特点，分别为之设计不同的产品，采取不同的市场营销方案，满足各个细分市场上不同的需要。适应了各种不同的需求，能扩大销售，提高市场占有率。但因差异性营销会增加设计、制造、管理、仓储和促销等方面的成本，造成市场营销成本的上升。

集中性市场策略：企业选择一个或少数几个子市场作为目标市场，制订一套营销方案，集中力量为之服务，争取在这些目标市场上占有大量份额。由于目标集中能更深入地了解市场需要，使产品更加适销对路，有利于树立和强化企业形象及产品形象，在目标市场上建立巩固的地位。同时，由于实行专业化经营，可节省生产成本和营销费用，增加盈利。但也存在目标过于集中，把企业的命运押在一个小范围的市场上，风险较大。

③目标市场营销策略选择的影响因素。

企业的实力包括企业的设备、技术、资金等资源状况和营销能力等；产品差异性的大小指产品在性能、特点等方面的差异性的大小；市场差异性的大小；产品生命周期的阶段；竞争者的战略。

（4）市场定位。市场定位也称作"营销定位"，是市场营销工作者用以在目标市场（此处目标市场指该市场上的客户和潜在客户）的心目中塑造产品、品牌或组织的形象或个性的营销技术。企业根据竞争者现有产品在市场上所处的位置，针对消费者或用户对该产品某种特征或属性的重视程度，强有力地塑造出本企业产品与众不同的、给人印象鲜明的个性或形象，并把这种形象生动地传递给顾客，从而使该产品在市场上确定适当的位置。简而言之，就是在客户心目中树立独特的形象。

①市场定位的步骤。

第一步：调查研究影响定位的因素，包括竞争者的定位状况，目标顾客对产品的评价标准，目标市场潜在的竞争优势。

第二步：选择竞争优势和定位战略。企业通过与竞争者在产品、促销、成本、服务等方面的对比分析，了解自己的长处和短处，从而认定自己的竞争优势，进行恰当的市场定位。

第三步：准确地传播企业的定位观念。企业在作出市场定位决策后，还必须大力开展广告宣传，把企业的定位观念准确地传播给潜在购买者。

②市场定位的方式。

"针锋相对式"定位。把产品定在与竞争者相似的位置上，同竞争者争夺同一细分市场。实行这种定位战略的企业，必须具备以下条件：能比竞争者生产出更好的产品；该市场容量足够吸纳这两个竞争者的产品；比竞争者有更多的资源和实力。

"填空补缺式"定位。寻找新的尚未被占领、但为众多消费者所重视的产品，即填补市场上的空位。这种定位战略有两种情况：一是这部分潜在市场即营销机会没有被发现，企业容易取得成功；二是有企业发现了这部分潜在市场，但无力去占领，这就需要有足够的实力才能取得成功。

"另辟蹊径式"定位。当企业意识到自己无力与竞争者抗衡而获得绝对优势地位时，可根据自己的条件取得相对优势，即突出宣传自己与众不同的特色，在某些有价值的产品属性上取得领先地位。

③市场定位的方法。

区域定位：企业在进行营销策略时，应当为产品确立要进入的市场区域，即确定该产品是进入国际市场、全国市场，还是在某市场、某地等。只有找准了自己的市场，才会使企业的营销计划获取成功。

阶层定位：每个社会都包含有许多社会阶层，不同的阶层有不同的消费特点和消费需求，企业的产品究竟面向什么阶层，是企业在选择目标市场时应考虑的问题。根据不同的标准，可以对社会上的人进行不同的阶层划分。进行阶层定位，就是要牢牢把握住某一阶层的需求特点，从营销的各个层面上满足他们的需求。

职业定位：企业在制定营销策略时要考虑将产品或劳务销售给什么职业的人。将饲料销售给农民及养殖户，将文具销售给学生，这是非常明显的，而真正能产生营销效益的往往是那些不明显的、不易被察觉的定位。在进行市场定位时要有一双善于发现的眼睛，及时发现竞争者的视觉盲点，这样可以在定位领域内获得巨大的成功。

个性定位：把企业的产品如何销售给那些具有特殊个性的人。这时，选择一部分具有相同个性的人作为自己的定位目标，针对他们的爱好实施营销策略，可以取得最佳的营销效果。

年龄定位：在制定营销策略时，企业还要考虑销售对象的年龄问题。不同年龄段的人，有自己不同的需求特点，只有充分考虑到这些特点，满足不同消费者要求，才能够赢得消费者。如对于婴儿用品，营销策略应针对母亲而制定，因为婴儿用品多是由母亲来实施购买的。

解决定位问题，能帮助企业解决营销组合问题。营销组合（产品、价格、分销、促销）是定位战略战术运用的结果。

案例：农夫山泉 17.5°橙。2014 年 11 月农夫山泉 17.5°橙隆重推出，定位为赣南脐橙的高端产品，是脐橙中的皇冠，农夫山泉公司营销组合策略如下。

产品：内质拥有平均 17.5 黄金糖酸比的脐橙。根据美国农业部 USDA 的分级标准，A 类橙汁糖酸比 12.5～20.5，平均值 17.5，口感最好。另外，果径不小于 6.5 厘米且大小相同，糖度误差±1°，表皮疤痕不超过 1 厘米^2，8 年以上脐橙树龄。每 10 个一级赣南脐橙，约只有 2 个可以入选17.5°橙。

价格：是普通赣南脐橙 2.5 倍。在淘宝网上，5 千克装的 17.5°橙正常售价 258 元，促销价 148 元，折算下来为 29.6 元/千克。同期褚橙促销价为 39.6 元/千克，而其他普通赣南脐橙，淘宝普遍价为 12 元/千克左右。

分销：线上购买渠道有易果生鲜、天猫店、1 号店、京东、花果山等，线下各大水果门店，如 Ole 精品超市、叶氏兄弟、大唐水果等均有销售。

广告：农夫山泉，实业精神做好橙。

促销：2014 年 11 月农夫山泉携手聚划算、易果生鲜在上海举行了农夫山泉 17.5°橙战略合作发布会。2016 年 12 月 8 日，在有"世界橙乡"美誉的江西赣州，农夫山泉信丰县新工厂举行了"17.5°橙新闻发布会"。

2. 营销 4P 理论

（1）"4P"起源。美国营销学学者麦卡锡教授在 20 世纪 60 年代提出"4P"营销理念，也就是"产品、价格、渠道、促销"四大营销组合策略。产品：product，价格：price，渠道：place，促销：promotion，四个单词的第一个字母缩写为"4P"。

（2）"4P"定义。"4P"策略，就是从企业的角度出发进行积极市场拓展的有效手段和策略，通过 4P 的不同组合达到企业预期的战略目标。尤其是现阶段的市场营销，更是营销多项要素系统整合后所彰显出的综合竞争力、系统竞争力、持久竞争力。

产品：不单是指产品本身的品牌、功效、品质、包装、规格和形态，还包括企业为目标市场所提供的服务和保障。广义的"产品"指的是企业为目标市场提供的一切以建设市场为目标的资源和投入。

价格：是企业出售产品所追求的经济回报。主要包括基本价格、促销价格、付款时间、借贷条件等因素。

渠道。指企业通过什么样方式将产品从企业仓库送到消费者手中。不但包含了不同的狭义上的产品销售渠道，更涵盖产品的仓储与运输。

促销。企业利用各种信息载体与目标市场和消费者进行沟通和传播的活动，包括广告、人员推广、营业推广与公共关系等。

3. 市场营销分析工具

（1）STP 分析。现代市场营销理论中，市场细分（market segmentation）、目标市场（market targeting）、市场定位（market positioning）是构成公司营销战略的核心三要素，被称为 STP 营销（图 7-1）。

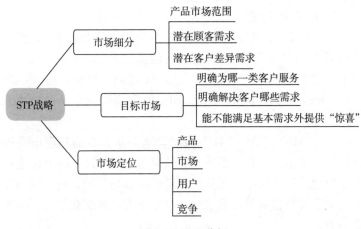

图 7-1　STP 分析

市场上同类的产品有很多，若是不改变策略和寻找细分市场估计很容易被早在市场上的领头羊干下去，那么 STP 分析的目的就是帮促企业寻找某个细分市场并解决某一些群体需求的定位。

（2）SWOT 分析。SWOT（strength weakness opportunity threat）分析法，又称态势分析法或优劣势分析法，用来确定企业自身的竞争优势（strength）、竞争劣势（weakness）、机会（opportunity）和威胁（threat），从而将企业的战略与企业内部资源、外部环境有机地结合起来（图 7-2）。

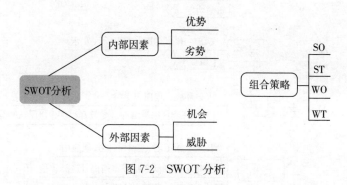

图 7-2　SWOT 分析

要明白使用 SWOT 的目的，为什么要用它，用它的目的是什么。比如全面开拓市场开发，外部竞争越来越激烈，盈利空间越来越小，公司找到自己的发展定位和切入点。

（3）PEST 分析。是指宏观环境的分析，P 是政治（politics），E 是经济（economic），S 是社会（society），T 是技术（technology）。在分析一个企业所处的背景时，通常是通过这四个因素来进行分析企业集团所面临的状况（图 7-3）。

目的是从总体上把握宏观环境，并评价这些因素对企业战略目标和战略制定的影响。

（4）波特五力分析。波特五力模型（Porter's five forces model），由迈克尔·波特（Michael Porter）于 20 世纪 80 年代初提出，它认为行业中存在着决定竞争规模和程度的 5 种力量，这 5 种力量综合起来影响着产业的吸引力。5 种力量分别为进入壁垒、替代品威胁、买方议价能力、卖方议价能力以及现存竞争者之间的竞争。"三情分析—行情、敌情、我情"就

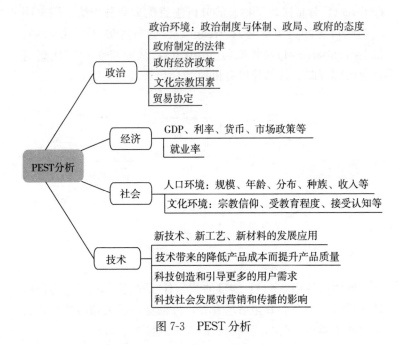

图 7-3　PEST 分析

是围绕波特五力模型展开简单分析（图 7-4）。

　　行情要关注：市场动态的发展、行业产品的发展、新产品新材料新工艺技术的应用趋势等。

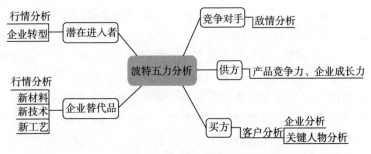

图 7-4　波特五力分析（一）

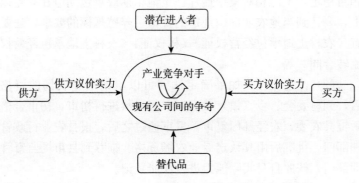

图 7-4　波特五力分析（二）

敌情要分析：产品的竞争对手和上述的行情分析，如有哪些企业现在和我方产品模式有交叉部分，他们会不会进入你公司所在的行业和你竞争，以及这个产品会不会被新产品替代？

我情要了解：我方供应商的能力，这直接关系到公司产品的核心竞争力以及企业的成长能力。另外，产品是要面向市场，所以要关注你的客户。作为大企业来说，还有考虑市场进入企业的关键人物等。

结合波特五力模型和三情分析，再去做 SWOT 分析就能很容易掌握企业自身情况。

（二）注册家庭农场，成为市场主体

随着市场经济的发展，果农与大市场之间的矛盾会越演越激烈，而果农往往处于被动地位。果农要想在激烈的市场竞争取得良好的效益，应通过组建家庭农场、合作社等来提高组织化程度，成为市场的主体。

1. 注册程序

（1）资质要求。申请人必须是农业的身份，也就是农村户口，需要提供户口本或者其他农业户口的证明材料。经营规模相对稳定，土地相对集中连片。土地租期或承包期应在 5 年以上，要达到当地农业部门规定的种植、养殖规模的要求，还要有《农村土地承包经营权证》《林权证》《农村土地承包经营权流转合同》等。

（2）注册流程。如果确定达到可以申请家庭农场的资格后，到村委会、乡（镇）政府对申报材料进行初审，初审合格后报县农委、农经部门复审。复审通过之后，报县农业行政管理部门，批准后由其认定专业农场资格。推荐到县市场监督管理部门，按照自身实际能力进行注册登记。

2. 签好果品销售合同　　目前国内大部分果农的脐橙销售都是通过销售企业收购方式来进行，签好一个果品销售合同至关重要。相应的果品销售合同内容不尽相同，但都是格式合同，果农在签订合同应注意以下事项。

（1）当事人的名称（或姓名）、住所一定要准确，要用全称。详细写明当事人的情况，关系到区分合同的当事人是谁以及在发生诉讼时判断对方是不是与你签订合同的一方，谁有资格参与到诉讼或纠纷当中。当事人的地址也要写准确，这关系到发生诉讼时哪个法院具有案件的管辖权问题。

（2）合同中的具体经办人的问题。脐橙采购中，基本是由具体经办人（企业代表）来办理的，因而在合同履行过程中，经办人要签署一些文件。一旦发生纠纷或经办人离开对方单位，而对方单位又拒绝对经办人签署的文件予以认可，那么这些文件的效力将发生争议。为避免上述情况，应在合同如下明确条款："本合同的具体经办人是×××、经办人的签字样本。该经办人在履行本合同过程中，有权代表本公司签署文件，所签署的文件具有法律效力。"

（3）脐橙果品的品种、质量、数量。

（4）单价和总价，明确定金。如果履行合同的过程中要进行价格变动，比如脐橙采摘时，市场价格发生大幅升降，要约定怎么计算单价和总价。另外，脐橙采摘、运输及上车费用要明确由谁支付。

（5）要明确脐橙采摘期限。冬季冻害发生频率较高的脐橙园，应在霜冻来临前采摘完成，以免造成损失和合同纠纷。

（6）违约责任。这一条款的意义在于促使当事人履行合同，在发生纠纷时，可以使守约方的损失减少到最低。

（7）解决争议的方法。按照法律规定，双方可以在合同中约定选择在甲方所在地或乙方所在地或合同履行地的法院进行诉讼。

（8）当事人的其他约定。

（9）合同的附件。与合同有关的技术资料、国家标准、双方的营业执照复印件、身份证复印件、授权书等应当是合同的组成部分，作为合同附件，在合同中加以注明。

（10）合同签字、盖章。如果需签字盖章的合同是多页时，最好每页签字并加盖骑缝章，防止一方更改合同内容。如双方需在以后的合同中由法定代表人以外的人来签署单据的，在合同中应明确具体的人以及具体办事人员签字的样本，以备核对。

（三）做好"三品一标"质量认证，获取市场准入资格

1. 什么是"三品一标" 无公害农产品、绿色食品、有机食品和农产品地理标志统称"三品一标"。"三品一标"是政府主导的安全优质农产品公共品牌，是当前和今后一个时期农产品生产消费的主导产品，是农业发展进入新阶段的战略选择，是传统农业向现代农业转变的重要标志。

（1）无公害农产品。是指产地环境符合无公害农产品的生态环境质量，生产过程必须符合规定的农产品质量标准和规范，有毒有害物质残留量控制在安全质量允许范围内，安全质

量指标符合《无公害农产品（食品）标准》的农、牧、渔产品（食用类，不包括深加工的食品）经专门机构认定，许可使用无公害农产品标识的产品。

（2）绿色食品。在无污染的生态环境中种植及全过程标准化生产或加工的农产品，严格控制其有毒有害物质含量，使之符合国家健康安全食品标准，并经专门机构认定，许可使用绿色食品标志的食品。

（3）有机食品。来自于有机农业生产体系，根据国际有机农业生产要求和相应的标准生产加工的，通过独立的有机食品认证机构认证的食品。

（4）农产品地理标志。是指标示农产品来源于特定地域，产品品质和相关特征主要取决于自然生态环境和历史人文因素，并以地域名称冠名的特有农产品标志。

无公害农产品是农产品都应当达到的基本要求。绿色食品是我国20世纪90年代初在农产品质量认证管理上的重大创举，"绿色食品"分为A级绿色食品和AA级绿色食品。其中，A级绿色食品生产中允许限量使用化学合成物质，AA级绿色食品则较为严格地要求在生产过程中不使用化学合成的肥料、农药、饲料添加剂、食品添加剂和其他有害于环境和健康的物质。

有机食品与其他食品的区别体现在如下几个方面：一是有机食品在其生产加工过程中绝对禁止使用农药、化肥、植物生长调节剂等人工合成物质，不允许使用基因工程技术；而其他食品则允许有限使用这些技术，且不禁止基因工程技术的使用，如绿色食品对基因工程和辐射技术的使用就未作规定。二是生产转型方面，从生产其他食品到有机食品需要2～3年的转换期，而生产其他食品没有转换期的要求。三是数量控制方面，有机食品的认证要求定地块、定产量，而其他食品没有如此严格的要求（图7-5）。

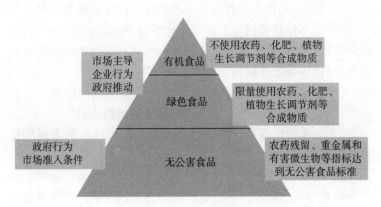

图 7-5 "三品一标"

2. 申请脐橙无公害农产品认证

（1）认证范围。须在《实施无公害农产品认证的产品目录》（农业部 国家认证认可监督管理委员会公告 第 2034 号）公布的 567 个食用农产品目录内，脐橙要以甜橙申报。

应当具备国家相关法律法规规定的资质条件，具有组织管理无公害农产品生产和承担责任追溯能力的农产品生产企业、农民专业合作社及家庭农场。

产地应集中连片，规模符合《无公害食品 产地认定规范》（NY/T 5343—2006）要求，脐橙果园要 150 亩以上。

（2）提交材料清单。

①首次认证。首次认证需要提供材料清单如下：

《无公害农产品产地认定与产品认证申请和审查报告》；

国家法律法规规定申请人必须具备的资质证明文件复印件（营业执照、食品卫生许可证等）；

《无公害农产品内检员证书》复印件；

无公害农产品生产质量控制措施（内容包括组织管理、投入品管理、产品检测、产地保护等）；

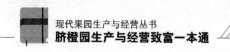

最近生产周期农业投入品（农药等）使用记录复印件；

《产地环境检验报告》及《产地环境现状评价报告》（由省级工作机构选定的产地环境检测机构出具）或《产地环境调查报告》（由省级工作机构出具）；

《产品检验报告》原件或复印件加盖检测机构印章（由农业部农产品质量安全中心选定的产品检测机构出具）；

《无公害农产品认证现场检查报告》原件（由负责现场检查的工作机构出具）。

其他要求提交的有关材料。农民专业合作社及"公司＋农户"形式申报的需要提供与合作农户签署的含有产品质量安全管理措施的合作协议和农户名册，包括农户名单、地址、种植或养殖规模、品种等。

申请材料须装订2份，报送县级无公害农产品工作机构，统一以《申请和审查报告》作为封面，其中一份按照材料清单顺序装订成册，另1份将标《无公害农产品产地认定与产品认证申请和审查报告》《产品检验报告》及《无公害农产品认证现场检查报告》原件材料装订成册。

②复查换证。首次认证证书3年有效期期满前，按照相关规定和要求提出复查换证申请，经确认合格准予换发新的无公害农产品产地或产品证书。

复查换证申报材料将《申请和审查报告》、营业执照复印件、无公害内检员证书复印件、无公害农产品产地认定证书复印件、无公害农产品证书复印件、《产品检验报告》及《无公害农产品认证现场检查报告》原件材料装订成册一式两份送县级无公害农产品工作机构。产品检验按各省要求执行（图7-6）。

（3）申报流程。

北京、天津、上海、重庆等直辖市和计划单列市及实行"省管县"的地区，地市级工作合并到县级完成。县、地市级

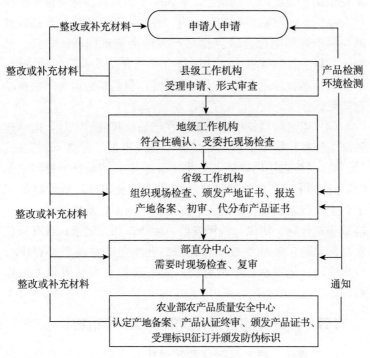

图 7-6　申报流程

工作机构的审查工作内容按各省份具体规定执行。

3. 申请绿色食品认证

（1）申请人资质条件。能够独立承担民事责任，如企业法人、农民专业合作社、家庭农场等；具有稳定的生产基地；具有绿色食品生产的环境条件和生产技术；具有完善的质量管理体系，并至少稳定运行一年；具有与生产规模相适应的生产技术人员和质量控制人员。申请前三年内无质量安全事故和不良诚信记录，与绿色食品工作机构或检测机构不存在利益关系。

（2）产品条件。申请使用绿色食品标志的产品，应当符合《中华人民共和国食品安全法》和《中华人民共和国农产品质量安全法》等法律法规规定，在国家工商总局商标局核定的绿色食品标志商标涵盖商品范围内，并具备下列条件：产品或产品原料产地环境符合绿色食品产地环境质量标准；农药、肥料、饲料、兽药等投入品使用符合绿色食品投入品使用准则；产品质量符合绿色食品产品质量标准；包装贮运符合绿色食品包装贮运标准。

（3）申请材料。申请人至少在产品收获前三个月，向所在省级工作机构提出申请，完成网上在线申报并提交下列文件：《绿色食品标志使用申请书》及《调查表》；资质证明材料，如《营业执照》《商标注册证》等证明文件复印件；质量控制规范；生产技术规程；基地图、加工厂平面图、基地清单、农户清单等；合同、协议、购销发票，生产、加工记录；含有绿色食品标志的包装标签或设计样张（非预包装食品不必提供）；应提交的其他材料。申请材料一式三份提交到县级相关工作机构。

（四）做好品牌营销，实现脐橙溢价销售

1. 农产品已进入品牌化营销时代　现阶段我国农产品供求关系、市场结构及有关制度正发生重大变化，比照发达国家的经验，品牌农业发展处在了培育和起步的关键阶段。

进入 21 世纪特别是在 2005 年以后，鲜活农产品滞销、卖难现象开始出现。据国家统计局《中国住户调查年鉴 2013》数据，2000—2012 年，我国蔬菜播种面积扩大了 33.6%，水果增产 2.86 倍。同期城市家庭人均全年鲜菜消费量从 115 千克下降到 112 千克，鲜瓜果消费量从 57 千克下降到 55 千克；农村人均蔬菜消费量从 107 千克下降到 85 千克，只有瓜果及其制品消费量在经过 12 年之后提高了 25%。这意味着不断增长的蔬菜、瓜果生产能力在很大程度上将依靠新增人口及开拓国际市场来消化。一些鲜活农产品出现了阶段性、区域性、结

构性过剩，"酒好不怕巷子深"的年代确已远去，通过品牌建设引领市场营销，已成为提升现代农业发展水平的重要引擎，成为关乎农业企业、家庭农场、种养大户等新型农业生产经营主体生存的"形象工程"，成为广大市民放心消费农产品的信心基石。

近十多年来，我国出现了一些知名度比较高的农产品品牌，但总体品牌影响力还很有限。这是因为我国从 1992 年确立社会主义市场经济体制目标不过 20 余年的时间，农业生产者、经营者和管理者适应与驾驭市场经济的能力都还处在成长期，对农产品品牌创建还处于重视而懵懂的探索期，尚没有形成系统的理论可以指导，能够经得住时间检验的经典案例更是寥寥无几。

2013 年 12 月召开的中央农村工作会议指出：要大力培育食品品牌，用品牌保证人们对产品质量的信心。这是基于农业乃至整个国家经济社会发展阶段做出的重大判断，也是对农业及整个食品行业发出的动员令和冲锋号。更昭示广大农业生产经营者必须在新形势下，在自身发展战略中把品牌放到应有的位置。

品牌战略已经成为我国的国家战略。中国农产品的品牌化，也已成为国家战略中重要的战略布局。2016 年 4 月 4 日，国务院下办公厅印发《贯彻实施质量发展纲要 2016 年行动计划》，文中 45 次涉及"品牌"；2016 年 6 月 10 日，《国务院办公厅关于发挥品牌引领作用推动供需结构升级的意见》（国办发〔2016〕44 号）发布，强调供给侧改革中品牌的重要作用；2016 年 10 月 17 日，国务院办公厅印发《全国农业现代化规划（2016—2020 年）》，强调要提升品牌带动能力，打造一批公共品牌、企业品牌、合作社品牌、农户品牌，2017 年中央 1 号文件提出：要推进区域农产品公用品牌建设，支持地方以优势企业和行业协会为依托打造区域特色品牌，引入现代要素改

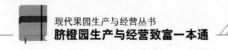

造提升传统名优品牌 。

由此，中国农业真正开始品牌化时代，各地农业品牌化浪潮风起云涌，区域经济发展将转型为区域品牌经济创造。这是符合消费趋势，符合新型经济发展规律的转型。

2. 注册商标，让消费者记住你

（1）商标查询。商标在投递到商标局的之前要进行查询，可以自己查询，也可以委托专业商标代理机构帮忙查询。目的是看有没有相似或者雷同的商标，以便缩短申请时间，增加商标通过率，否则可能会白白浪费注册费。报错或者重复，商标局是不退费的。

（2）商标注册的申请。一种方式是自己去国家工商行政管理局商标局进行注册；另一种方式是委托商标注册专业机构负责进行商标注册。

（3）提交材料。准备商标图样 5 张（指定颜色的彩色商标，应交着色图样 5 张，黑白墨稿 1 张），长和宽不大于 10 厘米，不小于 5 厘米。商标图样方向不清的，应用箭头标明上、下方。

如果是个人提出申请，需递交身份证、个体营业执照复印件，经营范围与注册的商标一致；企业申请应出示企业《营业执照》副本，并递交复印件，盖有单位公章的商标注册申请书。

3. 实施母子品牌战略，搞好脐橙果品贴标

（1）区域公用品牌、企业品牌、产品品牌。作为农产品品牌的一种重要类型，农产品区域公用品牌指的是特定区域内相关机构、企业、农户等所共有的，在生产地域范围、品种品质管理、品牌使用许可、品牌行销与传播等方面具有共同诉求与行动，以联合提高区域内外消费者的评价，使区域产品与区域形象共同发展的农产品品牌。农产品区域公用品牌，一般是以地理区划或地理区划内的集体单位为品牌所有与使用为基本范畴、商标注册为证明商标或集体商标的品牌类型。

企业（产品）品牌，指的是一般法人为商标注册者，商标注册为企业商标、商品商标、服务商标的品牌类型。

母子品牌结构中，区域公用品牌为企业（产品）品牌的背书品牌，企业（产品）品牌是市场主体品牌。在具体运营中，区域公用品牌一般能够整合区域资源与集体力量，担任母亲的角色。但如果子品牌强大，则能够支撑起整个区域公用品牌，并提携区域内其他企业（产品）品牌的成长。

作为农产品品牌，因其地缘特征，同时会呈现地缘品牌与非地缘品牌的交互发展。一般而言，区域公用品牌为地缘品牌，企业（产品）品牌为非地缘品牌。但也有某些企业（产品）品牌会定位为区域生产、区域销售的地缘品牌。

根据中国农业及其中国农产品生产的现实状况，构建区域公用品牌与企业（产品）品牌相互提携、相互支撑的母子品牌模式，才能真正实现中国农业的品牌化战略意图。

（2）统一使用赣南脐橙专用标志，实施母子品牌战略。2004 年赣州市人民政府向国家质检总局成功申请了赣南脐橙地理标志保护产品，2009 年江西省赣州市赣南脐橙协会向国家工商总局成功申请注册了赣南脐橙地理标志证明商标，这为实施母子品牌奠定了基础。赣南脐橙专用标志设计以赣南脐橙区域公用品牌为母品牌、企业品牌为子品牌。赣南脐橙专用标志种类为专用箱贴与专用果袋（贴）。分个性化与通用两种设计方案。个性化箱贴以"赣南脐橙地理标志产品专用标志＋'赣南脐橙'法定图文"组合构成母标区，以"经销企业名称＋企业商标图文"为子标区，具有查询、追溯、防伪、广告、产地证明等功能。母标区的图文、色彩为固定版式，子标区的色彩、图文、标签版面大小，由使用者自主选择。通用箱贴以"赣南脐橙地理标志产品专用标志＋'赣南脐橙'法定图文"组合，图文、色彩、标签版面大小固定，具有查询、追溯、防

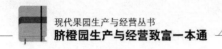

伪、广告、产地证明等功能，主要供外地营销企业及销售大户使用。

专用果袋（贴）分个性化果袋及通用果袋两种。可在自封袋上个性化设计企业名称、企业和产品品牌 LOGO、产品规格、广告词、赣南脐橙地理标志专用标志、"三品一标"认证信息、二维码等图标，同时加印供防伪追溯查询的防伪码。

江西省赣州市赣南脐橙协会会员可按照一定程序申请使用赣南脐橙专用标志，同时赣州市赣南脐橙协会每年会在媒体上公布获得许可使用赣南脐橙专用标志企业（合作社）名单。

4. 建立质量追溯体系，培育赣南脐橙品牌忠诚度　2009年以来，赣州市坚持"市场主导、企业主体、政府引导、协会抱团"的原则，围绕赣南脐橙特色优势农产品，按照"赣南脐橙区域公用品牌＋企业品牌"母子品牌共建模式，做大做强"赣南脐橙"区域公用品牌。一是完善授权许可体系。按照"积极培育、严格准入、质量管控、动态进退"的要求，制订了"赣南脐橙"专用标识使用管理办法，出台了《地理标志产品　赣南脐橙》（GB/T20355—2006）产品分类质量技术标准，严格准入管理，防止滥用赣南脐橙专用标志。二是建立质量监管体系。赣南脐橙质量安全追溯体系、赣南脐橙标准体系、品牌忠诚度培育和诚信体系、部门联动执法监管体系基本建立。

（五）把握"互联网＋"，做好脐橙电商销售

近年来，随着互联网的发展和普及，我国电子商务迅速发展，网上购物人群增长迅速。2015 年上半年我国网民数量达到 6.68 亿，其中手机网民达到 5.94 亿，网络购物用户规模达到 3.7 亿（数据来源：中国互联网信息中心，第 36 次中国互联网络发展状况统计报告）。随着"互联网＋"概念的提出，各项政策进一步促进了网络购物的迅速发展，2015 年实现网

络零售额达到 3.9 万亿元，物流和支付体系的完善使得更多的产品和服务通过互联网完成交易。我国生鲜农产品电子商务自 2005 年萌芽，到 2013 年后逐渐成为电子商务新的增长点，被业界认为是电商的最后一片蓝海市场，吸引了大量资本的关注和投入。2014 年生鲜电子商务市场规模达到 289.8 亿元（易观国际），2015 年超过 450 亿元（尼尔森）。作为生鲜农产品的重要组成部分，水果电商交易量快速增长，柑橘在水果电商中也占据了重要份额，2014 年阿里零售平台上柑橘居水果交易量的第四位，而脐橙位居江西省农产品电商交易量的首位。

1. 赣南脐橙电子商务发展基本情况　2013 年以前仅有少量脐橙经营者通过互联网开展脐橙销售，从 2014 年开始大量脐橙经营者开始进入电商领域，主要通过淘宝、天猫等平台销售产品。主要参与者是原有脐橙产地传统经销商或种植大户，还有一部分是比较熟悉互联网、原来在网上从事其他产品或服务经营的非脐橙经营者，主要平台仍然是淘宝、天猫等大型综合性交易平台。2015 年后赣南脐橙电子商务经营者数量大幅增加，在以淘宝、天猫作为主要平台的基础上，多个综合性平台、农产品类垂直电商平台、团购平台上脐橙电商发展迅速，微商大量出现，大量脐橙产业相关者，包括许多果农及其亲朋好友等都开始通过电商（主要是微商模式）销售脐橙。

截至 2016 年，淘宝和天猫平台上"赣南脐橙"宝贝数量达到 2.35 万件，相关店铺达到 12 684 家，其中所在地为江西的相关店铺 2 140 家（级别在皇冠以上店铺 29 家），赣南脐橙相关天猫店 156 家，其中所在地在江西的有 37 家。同时，京东、1 号店、苏宁易购、亚马逊等网上综合性电商平台中经营赣南脐橙的商家也大幅度增加，本来生活、顺丰优选、中粮我买网等垂直电商平台以及生鲜电商企业天天果园等也开始经营赣南脐橙网络销售。

赣南脐橙经营者大量通过互联网渠道销售脐橙，呈现百花齐放的局面。网上交易额也是一路攀升，2013 年至 2016 年，交易额分别为 1.17 亿、5.57 亿、12.84 亿、27.3 亿元，其中销量较大的天猫超市、水源红天猫店等网店达到了单店近 150 万千克赣南脐橙的销售量。京东、1 号店、苏宁易购、亚马逊等网上综合性电商平台中赣南脐橙的销售量也大幅度增加；在本来生活、顺丰优选、中粮我买网等垂直电商平台上赣南脐橙的销售也占据了重要份额。大量脐橙种植户和其他相关经营者还通过团购和微商等方式积极开展赣南脐橙的网络推广和销售。

各平台和卖家销售的赣南脐橙在定价上呈现非常显著的差异性，单价最高的售价 27.6 元/千克（农夫山泉 17.5°橙），售价最低的不到 4 元/千克，高低价格相差近 7 倍。从价格分布看，每千克单价在 6～12 元的相对比较集中。根据对淘宝天猫销量较高的卖家数据的抽样统计，网销均价在 9.4 元/千克。

赣南脐橙网销品牌多样，形成了一定的网络品牌效应。目前网络销售脐橙使用的品牌形式大致有 3 种情况：一是使用赣南脐橙品牌但是仅在产品信息中提及，并未使用规范的地理标志标签；二是只使用赣南脐橙品牌，通过在包装或果袋上使用地理标志产品标签明确标识；三是在赣南脐橙品牌的基础上加上企业或合作社品牌，并在产品信息和包装中明确标示地理标志产品和企业品牌形象或仅标明企业品牌形象。目前在天猫平台上销量较大的网店多采用第三种方式，形成了一定的网络品牌效应，如水源红、信必果、农将军、一品优、智慧橙、马蹄岗等品牌已经具有一定的网络口碑和影响力。

由于消费习惯和气候、物流成本等因素影响，目前赣南脐橙网销市场主要集中在江苏、浙江、上海、江西、广东、湖南、湖北、福建、安徽等省份，多数网店也采取了对以上省份的包邮销售策略。对于北方地区由于冬季气温低对物流保险要求高，目前销售量相对较少。

各地政府积极支持赣南脐橙电商发展，制定了电子商务发展规划，建设了电商产业园，大力培养电商人才，培育电子商务示范企业，组织主办网络博览会和电商发展论坛，为脐橙电商在发展政策、企业办公条件、物流服务、经营绩效激励等多方面提供了支持，为赣南脐橙电子商务发展提供了良好的环境条件。

2. 赣南脐橙电子商务主要模式　按照经营者属性及其业务特点，根据目前主流的电子商务模式分类方法，赣南脐橙电子商务运营的主要模式可以分为平台型电商 POP、F2C（farm to consumer，即产地果园直供型或产业链型）、B2C 电商模式、B2B 模式、农产品垂直电商、微商模式和农业众筹模式等类型。按是否拥有自营果园及是否有线下销售渠道划分，分为有果园并有线下渠道的脐橙电商、无果园有线下销售的脐橙电商、无果园无线下销售的脐橙电商等类型。

（1）POP 平台型电商为赣南脐橙提供了重要的销售渠道。平台型电商主要为各类商品提供开放的网上销售平台和相关服务，通常涉及各种类型商品，如淘宝、天猫和 1688、京东商城、苏宁易购、亚马逊、1 号店等。这些平台针对生鲜农产品或地方特色产品开设专门频道或地方馆，为生鲜农产品经营者提供销售渠道。目前在这些平台上有不少赣南脐橙网店（如淘宝、天猫平台上超过 2 000 家），平台通过建立信用机制促进卖家积累信誉，提供订单资金托管保障交易安全，组织各类促销活动扩大销售（典型代表如天猫双十一、天猫年货会、聚划算、喵生鲜预售活动等）。

（2）F2C 产地果园直供型是当前赣南脐橙电商的主要形式。果园直供型电商是指拥有自营果园的赣南脐橙电商经营者，这是目前赣南脐橙电商经营的主要模式，数量约占赣南脐橙电商经营者 2/3 以上的比例。果园直供型的突出特点是拥有一定数量的果品资源，了解所销售果品品质。这类脐橙电商经营者主要通过在综合性平台开设网店及开展微商等方式进行电商经营，多数没有电子商务经营经验，部分经营者通过公司或合作社建立了自己的品牌，并通过多种途径开展推广取得了较好的效益。这类经营者逐渐开拓线上销售渠道，线上线下相结合销售脐橙，典型企业如江西寻乌县水源红果品公司在天猫开设旗舰店销售自营自有品牌脐橙单品超过 20 万件，销量 150 多万千克，在天猫平台赣南脐橙销售中处于领先地位。

（3）无果园的 B2C 模式是脐橙电商创业的主要类型。这类电商主要指没有果园仅通过电商零售方式销售脐橙的经营者，这类经营者目前在脐橙电商经营者中不足 1/3，绝大多数为新进入脐橙行业的创业者，其中一部分具有其他领域的电商从业经验，或者直接从经营其他产品电商转型为脐橙电商（淘宝平台上有一家皇冠级的电子产品店铺今年也开始销售脐橙）。这类经营者具有较好互联网互联网意识，相对缺乏对脐橙产业方面的了解。

（4）B2B 电商模式是脐橙互联网规模化流通的主要途径。B2B 电商模式指企业对企业的网络化商品销售，即网络批发交易。目前已有少量企业开始脐橙电商 B2B 模式经营，主要通过阿里巴巴的 1688 平台开展脐橙的批发销售，如江西信丰县信明公司、宁都县云果仙公司等在 1688 等开拓线上批发销售渠道。由于批发交易往往单笔成交量较高，也逐渐成为互联网规模化流通的主要方式。这类企业通常拥有较强的运营实力，并具备自营的分级加工厂、果品仓库，使用自有产品品牌。

（5）农产品垂直电商模式为赣南脐橙电商专业化分工提供发展空间。所谓垂直电商模式指电商企业专注于某一个产品领域的电商经营。农产品垂直电商近年来发展迅速，涌现了如中粮我买网、本来生活、菜管家等多个具有一定影响力电商平台，其中本来生活网因为运作褚橙的网络销售取得了较大的成功。这些平台通过专业化销售农产品，有效促进了互联网时代传统产业的专业化分工，对于赣南脐橙产业发展也具有重要意义。

（6）微商模式和农业众筹模式是新兴的社会化脐橙电商模式。2015年，微商作为电商的一种新兴模式基于微信等社交媒体的发展和普及得到了快速发展，由于其操作简单，进入门槛低，赣南脐橙微店也如雨后春笋蓬勃发展，微信朋友圈等也成为了脐橙电商的重要推广和销售渠道。据调查，超过2/3的经营者都通过微店、萌店或者朋友圈等微商模式开展脐橙电商，广大果农及其亲属朋友也开始利用微商销售脐橙。另外，一些脐橙电商经营者还采用以产品预售为基础的农业众筹模式开展脐橙电商，这种模式在果实成熟前通过认购、预售、预订等方式吸引消费者提前取得订单，果园采摘以后立即可以发货，大大缩短了采收到寄送的时间，保证了果品的品质同时节约了成本和损耗。

3. 赣南脐橙电子商务品牌　根据对赣南脐橙电商情况的调查，目前脐橙电商经营者采用的品牌及标识策略，主要包括无品牌标识、仅适用赣南脐橙品牌标识、仅适用自有品牌、同时使用赣南脐橙和自有品牌，只有一部分示范企业采用了溯源系统标识。

无品牌标识销售多数为小规模个体经营者、果农等在网上销售脐橙产品，由于品牌标识和包装需要额外的成本投入或品牌意识薄弱，未采用任何标识销售产品。

单独使用赣南脐橙标识的经营者在调查中占1/3，经营规模属于中低水平，没有建立自己的品牌，在网络销售过程中一般采用通用的赣南脐橙包装以节约成本。

单独使用企业自有品牌经营者在调查中占近1/6，这类企业网络销售规模相对较大，销售时使用自制的包装和自有品牌的标识，而不使用赣南脐橙的品牌标志以突出企业品牌。

使用赣南脐橙加企业自有品牌经营者占40％，采用了赣南脐橙加企业自有品牌的策略，在产品包装上同时印上了赣南脐橙和企业自己的品牌标志。这类经营者网络销售规模多处在中高水平，典型代表如水源红、信明等。

在赣南脐橙品牌价值的影响和带动下，许多企业积极经营运作自身品牌，形成了一批在互联网中具有一定影响力的企业品牌。这些品牌各有其创意和特色，比较突出的大致有以下三类：结合地名彰显品牌优势，如水源红、马蹄岗、信明、信必果等品牌；通过产品品质特征塑造品牌形象，如农夫山泉17.5°橙，以糖分含量为品牌创意在天猫超市生鲜店、易果生鲜、花果山等网店中畅销，树立了赣南脐橙高端产品的标杆；传递人物故事突出品牌精神，如江西省省级劳模陈忠欧创立的以其个人名字命名的品牌，结合李克强总理与赣南脐橙的故事传播，也取得突出的市场影响。此外，还有农将军、一品优、云果仙等一大批赣南脐橙品牌蓬勃发展，在电子商务领域取得了较为突出的销售业绩。

4. 赣南脐橙电子商务经济效益 业界普遍认为生鲜农产品电商绝大多数不盈利，有报告认为盈利企业大概不足 5%。然而，根据调查发现，赣南脐橙电商经营者亏损情况并不严重，多数企业利润率在 10%以上，只有不到 1/3 的脐橙电商企业没有实现盈利，亏损情况并不严重。

（1）脐橙电商的成本构成。脐橙电商主要成本包括果品成本、分选包装成本、物流成本、电商运营成本、退货成本等，各成本构成比例分别为 50%、8%、20%、20%、2%。个别年份由于果品收购价格波动较大，这一比例可能会有较大出入。

（2）电商脐橙售价。脐橙电商市场售价主要集中在 6～12元/千克，少数品牌超出这一价格区间，平均价格大致为 9.42元/千克。以此计算，若非自营果园，果品采购成本超过 4.6元/千克的情况下，脐橙电商很难实现盈利。而调查中多数脐橙电商有盈利的一个可能原因是他们中的多数拥有自营果园，因此果品采购成本考虑相对较低。或者因为规模效益等原因果品采购成本低于每千克 4.6 元。

上述分析是在没有额外成本费用的情况下计算的，如果考虑其他因素影响，如参加平台促销活动限制价格、给予价格优惠、支付活动参与费用等情况，盈利状况将进一步下滑。

调查中有企业以阿里年货节的活动为例分析可能的影响。阿里年货节脐橙定价 2.5 千克装包邮 29 元，企业如果参与活动每单相关成本支出情况如下：支付平台运营费和赣州馆的推介费 13%，扣去成本约 4 元，物流费 7.5 元，包装费 3 元，广告费等 0.5 元，后端平台办公费等 2 元，最后剩下 12 元，分摊到 2.5 千克果品上每千克 4.8 元。这也就意味着如果果品采购成本在 4.8 元/千克以上企业就必然亏损。年货节的活动单价 11.6 元/千克，看似不低，但扣除成本后实质很难盈利。

（六）做好脐橙包装贮藏，提高附加值

为了延长脐橙鲜果供应时间，减少腐烂和提高果品质量，需要进行包装、贮藏保鲜。

1. 突出品牌　要在包装箱（袋）上印有赣南脐橙地理标志注册商标及企业商标。

2. 勇于创新　脐橙包装朝着礼品化、小型化、携带式、绿色包装、透明包装及组合包装方向发展。

3. 崇尚绿色　在包装设计中注重造型结构的减量化、使用材料和印刷生产的环保性、在流通环节中安全方便，尤其是注重环保性和对人体健康的保证等这些关键性专业问题是食品包装设计者应着重思考的问题。设计者应该真正深入涉及绿色包装的各个关键环节，多层面、多角度将各个设计要素进行宏观控制、有机整合，将食品的绿色包装设计理念和包装的功能性完美地融入到整个脐橙包装中，使设计更具时效性、操控性

和实施性。

4. 保鲜第一　包装箱抗压性要好，纸箱要能防水，销往东北地区的脐橙要考虑保暖防冻。

5. 知识营销　在包装箱附带说明书，说明赣南脐橙的地域特色、营养成分、生长环境、保存措施、食用方法，以及生产果园地点、联系方式、网上销售网址、二维码等。

主要参考文献

蔡明段，易干军，彭成绩，2011. 柑橘病虫害原色图鉴 [M]. 北京：中国农业出版社.

陈杰忠，2003. 果树栽培学各论 [M]. 北京：中国农业出版社.

淳长品，2017. 柑橘高产优质栽培与病虫害防治图解 [M]. 北京：化学工业出版社.

邓秀新，赖晓桦，古祖亮，等，2005. 假植大苗定植对脐橙树体生长和产量的影响 [J]. 果树学报 (5)：492-495.

邓秀新，彭抒昂，2013. 柑橘学 [M]. 北京：中国农业出版社.

赖华荣，严翔，赖晓桦，2004. 红肉脐橙引种观察初报 [J]. 中国南方果树 (1)：3-4.

赖晓桦，严翔，赖华荣，2005. 脐橙苗营养篓假植应用效果调查 [J]. 中国南方果树 (2)：13-14.

赖晓桦，黄传龙，谢上海，等，2009. 赣南脐橙施肥情况调查研究 [J]. 中国南方果树，38 (4)：30-32.

赖晓桦，黄传龙，谢上海，等，2009. 卡里佐枳橙砧对赣南纽荷尔脐橙生长结果的影响 [J]. 中国南方果树，38 (5)：25-26.

赖晓桦，杨斌华，谢上海，等，2011. 赣南脐橙速生早结栽培技术集成 [J]. 中国南方果树，40 (2)：31-33.

赖晓桦，谢上海，杨斌华，2015. 赣南纽荷尔脐橙成年结果树修剪技术研究 [J]. 中国南方果树，44 (6)：31-33.

刘孝仲，彭良志，朱伟生，2004. 脐橙优质丰产栽培 [M]. 北京：中国农业出版社.

彭良志，2007. 优质高产柑橘园建植与管理［M］. 中国三峡出版社.

彭良志，2013. 甜橙安全生产技术指南［M］. 北京：中国农业出版社.

彭良志，淳长品，2016. 奉节脐橙产业发展战略研究报告［R］.

沈兆敏，1988. 中国柑橘区划与柑橘良种［M］. 北京：中国农业科学技术出版社.

沈兆敏，1992. 中国柑橘技术大全［M］. 成都：四川科学技术出版社.

吴厚玖，2007. 柑橘无公害优质高效栽培技术［M］. 重庆：重庆出版社.

习建龙，彭良志，袁高鹏，等，2017. 柑橘果实枯水研究进展［J］. 中国南方果树，46（1）：144-147.

谢上海，陈标强，赖春培，等，2016. 远射程风送式喷雾机在赣南丘陵脐橙园病虫害防治中的应用［J］. 中国南方果树，45（1）：33-34.

谢远玉，赖晓桦，朱凌金，等，2007. 气象条件对柑橘果实膨大速度的影响［J］. 中国农业气象（4）：406-408.

徐大宏，赖晓桦，1998. 脐橙优质高产栽培［M］. 南昌：江西科学技术出版社.

易龙，赖晓桦，卢占军，等，2012. 江西柑橘主产区柑橘衰退病毒分离株组群分析［J］. 植物保护，38（4）：112-114.

中国科学院南方山区综合科学考察队，1982. 柑橘生态要求与基地选择［M］. 能源出版社.

钟八莲，赖晓桦，杨斌华，等，2013. 纽荷尔脐橙芽变早熟品种——赣南早脐橙［J］. 中国南方果树，42（2）：48-51.

周开隆，叶荫民，2010. 中国果树志·柑橘卷［M］. 北京：中国林业出版社.

图书在版编目（CIP）数据

脐橙园生产与经营致富一本通 / 赖晓桦主编 . —北京：
中国农业出版社，2018.2（2023.4重印）
（现代果园生产与经营丛书）
ISBN 978-7-109-23728-5

Ⅰ.①脐… Ⅱ.①赖… Ⅲ.①橙子－果树园艺 ②橙子
－果园管理 Ⅳ.①S666.4

中国版本图书馆 CIP 数据核字（2017）第 322731 号

中国农业出版社出版
（北京市朝阳区麦子店街 18 号楼）
（邮政编码 100125）
责任编辑 张 利 黄 宇
————————————
中农印务有限公司印刷 新华书店北京发行所发行
2018 年 2 月第 1 版 2023 年 4 月北京第 4 次印刷
————————————
开本：850mm×1168mm 1/32 印张：7.375 插页：4
字数：180 千字
定价：28.00 元
（凡本版图书出现印刷、装订错误，请向出版社发行部调换）

赣南早脐橙（2013年9月30日）

纽荷尔脐橙

龙回红脐橙　　　　　　　　　　　　　　　　伦晚脐橙

红肉脐橙

无病毒容器苗

假植大苗

果园规划

山顶戴帽、山腰种果、山脚穿裙
生态开发模式

排水沟（郭小兵 提供）

山顶横山排蓄水沟

梯台内壁竹节沟

脐橙园滴灌   "宽行窄株"栽培模式

深、宽各1米的栽植壕沟(彭良志 摄)

分层回填栽植壕沟(彭良志 摄)

扩穴改土

有机肥堆沤腐熟和无害化处理

有机肥开沟深施（彭良志 摄）

脐橙园撒施石灰

脐橙园套种花生

脐橙园生草栽培 　　　　　　　脐橙园的冰冻灾害

脐橙园的霜冻灾害

绿色防控（挂黄板）　　　　　　绿色防控（杀虫灯）

黄龙病（叶片斑驳黄化）

黄龙病（红鼻子果）

黄龙病（黄梢）

柑橘溃疡病为害果实状

沙皮病为害果实状

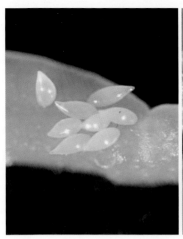
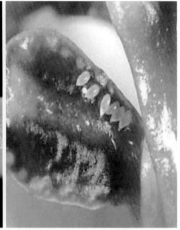

柑橘木虱卵（陈慈相 提供）

柑橘木虱若虫（陈慈相 提供）

柑橘木虱成虫（陈慈相 提供）

柑橘锈壁虱为害状　　　　　　　　　矢尖蚧为害状

车载式喷雾
机防治病虫害

采后分选包装
（商品化处理）